기계공학 실험

MECHANICAL ENGINEERING PRACTICE

이건이, 강기영 지음

Σ 시그마프레스

기계공학 실습

발행일 | 2021년 3월 5일 1쇄 발행

지은이 | 이건이, 강기영
발행인 | 강학경
발행처 | ㈜**시그마프레스**
디자인 | 고유진
편　집 | 류미숙

등록번호 | 제10-2642호
주소 | 서울특별시 영등포구 양평로 22길 21 선유도코오롱디지털타워 A401~402호
전자우편 | sigma@spress.co.kr
홈페이지 | http://www.sigmapress.co.kr
전화 | (02)323-4845, (02)2062-5184~8
팩스 | (02)323-4197

ISBN | 979-11-6226-319-8

실습의 중요성이 간과되고 있다. 제대로 된 실습을 통하여 실무 실습은 물론 이론 과목의 기본 개념을 명확히 이해하고, 스스로 생각하여 창의적인 문제해결 능력을 배양하고 행동하는 엔지니어를 양성해야 한다.

독일 대학생들은 학과목별 실습, 종합 실습 및 기업에 가서 하는 현장 실습 등을 통해 각 과목에서 배운 이론의 개념을 명확히 이해하고, 각 과목에서 배운 지식들이 실제 설계에서 어떻게 활용되는지를 알며, 기업에서 필요로 하는 것이 무엇인지를 깨닫게 된다고 한다.

그러나 우리 대학생들은 이런 기회를 제공받지 못하고 있다.

대부분의 대학이 실무 지식면에서는 학부생과 별반 차이가 없는 대학원생 조교의 지도하에 몇 가지 기계 가공을 해보는 것을 실습이라 생각하고 있으며, 이마저도 하지 않는 대학이 많다.

이런 점에서 우리 학생들은 기업에 입사하여 기업의 전문 실무를 배우는 데 독일의 대학생보다 한참 뒤에서 출발하는 셈이며, 이것이 우리 기계 산업이 독일 기계 산업을 따라가는 것도 힘들게 하는 장해 요인 중 하나이다.

이런 현황을 조금이라도 만회하여 보고자 이 책을 쓴다.

대부분의 대학들이 실습을 단순히 선반이나 밀링 등 절삭 가공하는 것으로 잘못 인식하고 있다. 제품 제조 과정인 설계, 가공, 측정, 검사, 조립 및 분해 과정 모두 경험할 수 있는 실습이 제대로 된 실습이다.

특히 설계 실습은 매우 중요하다. 설계 실습에서는 개발 과제가 주어지며 이 과제를 기업의 제품개발 과정 그대로 수행하고 실제 가공과 조립이 가능한 수준의 도면까지 완성하는 과정을 통하여 다음과 같은 효과를 기대할 수 있다.

- 문제해결 능력 배양
- 이론 과목과 실무과목에서 배운 지식이 실무에서 어떻게 활용되는지를 경험하며 공부 목표 설정에 도움
- 이론 및 실무 과목 내용의 명확한 개념 이해
- 창의적 사고 및 응용력 배양
- 무에서 유를 만들어 가는 과정 경험

차례

제조 실습

실습 전 사전 교육

1 과학과 공학의 차이점

(1) 과학(science)

- 자연을 이해하기 위한 학문
- 대상이 있으며 그 대상의 동작 원리 및 구조를 탐구하는 것(위치 – 운동 에너지, 베르누이 정리, 파스칼의 원리, 비중 소/대 및 융점)
- 특허가 안 됨
- 원가 개념 : 그다지 철저하지 않음
- 필요한 능력 : 호기심, 관찰력, 수학

(2) 공학(engineering)

- 자연을 이용하기 위한 학문
- 과제가 있으며 그 과제를 해결하는 방법 및 수단을 강구하는 것(수력 발전, 분무기, 유압 기기, 판유리 제조)
- 특허가 됨
- 원가 개념 : 매우 중요
- 필요한 능력 : 창의력, 응용력

(3) 공학의 정의

- 제품을 경제적으로 만들기 위해 필요한 지식을 이론적(각종 역학), 실험적(기계 재료, 열처리 등)으로 연구하여 명확한 근거를 제공하는 학문
- 기계공학(mechanical engineering) : 제품 → 기계

---

* 5~6명, 4개조, 20~24명으로 반 편성

** 위험한 작업과 힘을 써야 하는 작업이므로 조별 작업시간이 크게 차이나지 않도록 여학생은 한 조에 몰리지 않게 편성한다.

❷ 기계란 무엇인가

기계(機械, machine)는 외부로부터 에너지를 받아 이 에너지를 전달 또는 변환하여 어떤 주어진(목적으로 하는) 일을 하는 장치이며, 상대 운동을 하는 부품들의 조합이다.

(1) 기계의 조건

- 여러 개의 부품으로 구성되어 있을 것
- 적당히 구속을 받으며 운동은 항상 제한될 것
- 유효한 일을 할 것
- 구성 부품은 전달되는 힘에 견딜 수 있도록 강도를 가질 것

(2) 기계의 종류

- 조별 과제 : 기계의 종류 조사(과제 시간 : 15분)
- 분류 기준 : 인간이 살아가는 데 필요한 것과 연관, 최근 발전된 산업과 연관

❸ 기계 제작 과정

(집) 가구, 소품 : 디자인, 치수 → 재료 구입 → 재단 → 자로 재기 → 못질 → 페인트

`질문`

 (집)과 (회사)의 차이점은?

(회사) 판매할 제품

4 기계를 잘 만들기 위해 필요한 지식

예) 배를 만든다 : 검토해야 할 항목 : 바다에서 운행한다.

물의 저항 및 부력 : 유체 역학

소금물 : 녹, 부식

풍랑 : 강도, 강성

적정 무게 : 재료, 외형 가공 방법

적정한 속도 : 엔진 등 구동계

 역학 등 이론 과목만 필요한 것이 아니다.
실무 과목(기계 재료, 기계 재료 가공법, 기계 요소)도 중요하다.

5 실습은 왜 필요한가

기업에서 어떤 일을 하고 있으며, 학생들이 배운 지식이 이 일에 어떻게 활용되는지 체험하며 좀 더 창의적인 엔지니어가 되기 위해 필요하다. 태어날 때부터 창의적인 사람은 없다. 창의성은 배울 수 있다. 훈련할수록 창의적이 된다. 책에서 배운 내용은 현실과 연결시키기 전에는 아무 의미가 없다. 여러 가지 면에서 아는 것이 많아야 창의적일 수 있다.

(1) 실습 필요 항목

기계 제작 과정 중 엔지니어가 직접 관여하는 가공, 측정, 조립 및 분해, 설계를 포함해야 한다.

(2) 실습 내용

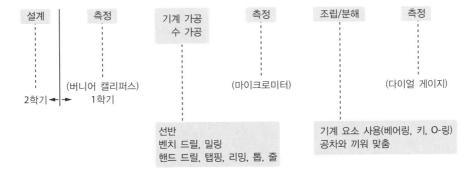

6 주의 사항

• 안전 제일 : 내 몸은 내가 지킨다.
• 슬리퍼, 하이힐 착용 금지 : 공구나 부품을 떨어뜨렸을 때 발가락을 다칠 가능성이 크다.

- 장난 금지 : 손, 발, 몸, 특히 공구/측정기 등으로 장난해서는 안 된다.
- 기계 작업 시 장갑 착용 금지 : 대형 안전사고 방지(회전 공구에 장갑 끝이 말려 들어가면 매우 위험)
- 머리카락 주의 : 머리가 길 경우 묶거나 앞으로 흘러내리지 않게 머리띠를 한다.
- 작업이 끝나면 공구를 잘 정돈한다.
- 작업 테이블 및 바닥을 철저하게 청소한다.

7 성적 평가

- 조별 과제 평가
- 개인별 과제 평가
- 수업 태도 평가 : 조별, 개인별
- 출석 평가
    - 결석 시 : −6점
    - 지각 : −1점
    - 무지각, 무결석 : +4점

2주차 기계 재료 개론

1 기계 재료의 필요성

- 요리할 때는 식재료, 집 지을 때는 건축 재료를 알아야 하는 것은 기본 중의 기본
- 그럼 기계를 만들 때는?
- 허용 응력은 재료의 종류와 열처리 종류에 따라 달라진다.

2 기계 구성요소의 분류와 필요한 성질

모든 기계의 구성요소는 아래 ①, ②, ③ 세 가지로 분류할 수 있으며, 기계 구성 부품은 아니지만 기계에 꼭 필요한 금형 및 공구류 ④를 포함해 네 가지로 분류할 수 있다.

① 외장
② 동력 전달 계통
③ 베이스, 프레임, 차대
④ 공구류

　　기계 구성요소 분류에 속하는 부품의 재료에 요구되는 성질은 무엇이며, 그림 1의 응력-변형률 선도와 연결시켜 보면?

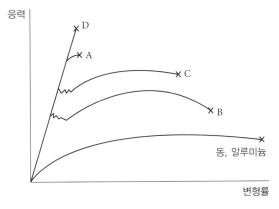

그림 1 응력-변형률 선도

❸ 재료 선택 기준

- 부품에 요구되는 재료의 특성 : 강도, 강성, 인성, 전성, 연성, 열전도성, 환경 조건
- 가공성 : 절삭, 연삭, 용접, 소성 가공
- 열처리, 표면처리
- 가격, 구입 용이성
- 수량

❹ 기계 재료의 분류

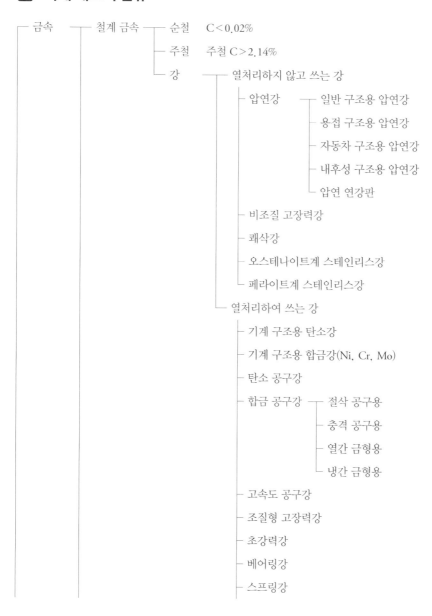

금속 ─ 철계 금속 ─ 순철   C < 0.02%

주철   주철 C > 2.14%

강 ─ 열처리하지 않고 쓰는 강

압연강 ─ 일반 구조용 압연강

용접 구조용 압연강

자동차 구조용 압연강

내후성 구조용 압연강

압연 연강판

비조질 고장력강

쾌삭강

오스테나이트계 스테인리스강

페라이트계 스테인리스강

열처리하여 쓰는 강

기계 구조용 탄소강

기계 구조용 합금강(Ni, Cr, Mo)

탄소 공구강

합금 공구강 ─ 절삭 공구용

충격 공구용

열간 금형용

냉간 금형용

고속도 공구강

조질형 고장력강

초강력강

베어링강

스프링강

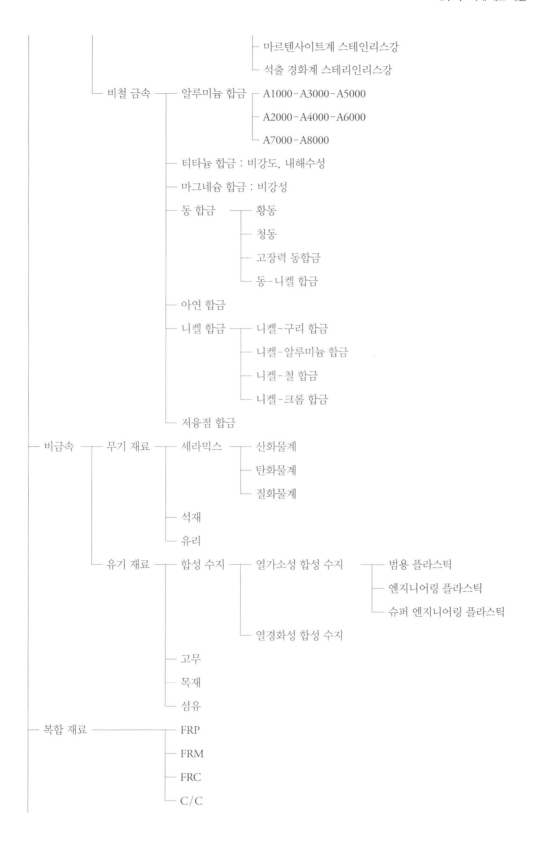

- 마르텐사이트계 스테인리스강
- 석출 경화계 스테리인리스강

비철 금속 ─ 알루미늄 합금 ─ A1000-A3000-A5000
                              ─ A2000-A4000-A6000
                              ─ A7000-A8000

─ 티타늄 합금 : 비강도, 내해수성
─ 마그네슘 합금 : 비강성
─ 동 합금 ─ 황동
            ─ 청동
            ─ 고장력 동합금
            ─ 동-니켈 합금
─ 아연 합금
─ 니켈 합금 ─ 니켈-구리 합금
              ─ 니켈-알루미늄 합금
              ─ 니켈-철 합금
              ─ 니켈-크롬 합금
─ 저융점 합금

비금속 ─ 무기 재료 ─ 세라믹스 ─ 산화물계
                                ─ 탄화물계
                                ─ 질화물계
                    ─ 석재
                    ─ 유리
        ─ 유기 재료 ─ 합성 수지 ─ 열가소성 합성 수지 ─ 범용 플라스틱
                                                        ─ 엔지니어링 플라스틱
                                                        ─ 슈퍼 엔지니어링 플라스틱
                                  ─ 열경화성 합성 수지
                    ─ 고무
                    ─ 목재
                    ─ 섬유

복합 재료 ─ FRP
          ─ FRM
          ─ FRC
          ─ C/C

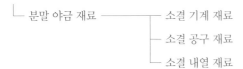

```
└─ 분말 야금 재료 ──────┬─ 소결 기계 재료
                      ├─ 소결 공구 재료
                      └─ 소결 내열 재료
```

개인별 과제

- 주요 기계 재료의 KS 재료 기호 및 기호가 뜻하는 의미를 조사 제출
- 범위 : 주철, 압연강, 스테인리스강, 기계 구조용 탄소강, 기계 구조용 합금강, 알루미늄 합금, 동 합금, 티타늄 합금, 마그네슘 합금, 아연 합금
- 분량 : A4 2~3페이지

3주차   부품 가공 방법 분류

1 가공법 선택 기준

- 재료(강도 및 경도, 융점, 열전도율)
- 생산 수량
- 정밀도 및 표면 조도
- 부품 형상 복잡도
- 인건비
- 목표 시장(저가, 중가, 고가)

2 분류

(1) 절단 : 가공용 소재 준비

- 톱, 휠, 열 절단(산소, 플라스마, 레이저), 워터젯(water jet)
- 새로운 절단법인 레이저와 워터젯은 저정밀 부품 가공에 사용

(2) 제거 가공 : 정밀도 확보

- 절삭(중정밀도) : 선삭, 밀링, 드릴링, 평삭, 형삭, 탭핑
- 연삭(고정밀도) : 연삭, 폴리싱, 래핑
- 특수(가공) : 방전 가공

(3) 주조

- 사형주조, 정밀주조, 금형주조, 원심주조, 연속주조

---

* 200여 가지 종류로 모두에 대해 자세한 공부는 불가능 : 수박 겉 핥기 식 공부 필요/목적, 원리, 종류 및 특징 위주로 공부

** 가공 방법에 대한 상세한 전문지식은 기업에 입사 후 업무가 정해지면 그때 공부해도 늦지 않음

(4) 금속 부피 성형

• 압연, 압출, 인발, 신선, 단조, 전조

(5) 비금속 부피 성형

• 사출, 압출, 블로우, 진공, 압축, 회전, 발포

(6) 판재 성형

• 드로잉, 롤링, 롤포밍, 스피닝, 핀 성형, 하이드로 포밍, 프레스 성형, 프레스 절단, 프레스 접합

(7) 용접

• 너무 커서 하나로 만들 수 없는 부품, 하나로 만들면 비싸지는 부품
• 용접(산소, 아크, 플라스마, 전자빔, 레이저 빔), 압접(spot, 마찰), 납접(brazing, soldering)

(8) 열처리

• 일반 열처리, 표면 경화처리(내마모성 향상)

(9) 표면처리

• 내부식성, 장식성, 내마모성
• 금속 피막(도금, 양극 산화처리, 화학 변환처리), 용사, 도장, 연마

(10) 마킹/ 인쇄

• 소유 → 제품 관리, 위조 방지, 공정 관리, 추적성 확보(바코드, 2D 코드, QR 코드)
• 타각, 조각, 잉크젯, 레이저 마킹, 실크 인쇄

(11) 기타

• 신속 모형 제작, 분말 소결, 판유리 제조

3 부품의 가격 결정 요소

• 재료
• 정밀도 및 표면 조도
• 가공 방법

3주차 부품 가공 방법 분류 13

4 재료 종류에 따른 부품 가공 단계별 가공법

재료 종류	기본 소재 준비	2차 소재 준비	1차 형상 가공	소재 강화	2차 형상 가공	부분 경화	3차 형상 가공	방식 외관	재고관리 위조방지 추적
금속 (bulk)	압연 압출 인발	절단	용접	일반 열처리	절삭	표면 경화 처리	연삭 방전	표면 처리	마킹 인쇄
			주조 단조						
금속 (sheet, shape)	압연	절단	성형 가공		절삭 절단 용접				
			용접						
합성 수지	패리스 펠릿 Sheet 후판		성형		접합 절삭 절단				
금속, 비금속 (분말)			성형 소결		절삭			표면 처리	

참고자료

▌기업의 부서와 담당 업무

부서명	업무
기획	• 신규 사업 기획, 사업 정책 및 제품 정책 기획 및 조정
설계	• 요구되는 성능과 기능을 가진 기계를 만들기 위해 필요한 부품 및 제품의 상세한 정보를 기계 공학을 기초하여 제공 • 도면(부품도, 조립도), 조립 기준서, 검사 기준서
생산	• 보유 장비 및 인원을 관리하여 생산 목표 달성, 적정 생산량 파악(장비별, 작업자별), 공정 내 부품 및 공정 재고관리, 생산성 향상 방안 연구
생산기술	• 설계된 부품이나 조립품을 경제적으로 가공하거나 조립하기 위한 방법을 조사하고 연구 • 공정, 공정 순서, 치공구, 절삭 공구, 조립 공구, 가공 조건 등
생산관리	• 생산 계획 수립, 생산 인원, 생산 장비, 자재 조달, 품질 검사 등 생산 관련 모든 사항을 종합해 생산 조절
공정관리	• 가공 또는 조립 과정이 매우 많고 연속적으로 이어져 있는 경우 생산 시스템의 안정적이고 원활한 가동을 위해 각 공정을 관리
구매	• 규격품 또는 조립 완제품의 구입 조달, 적정 성능의 부품을 적정 가격에 납기에 맞춰 조달
외주관리	• 규격품이 아닌 주문에 의해 외부에서 생산되는 부품 또는 조립품을 적정 가격에 납기에 맞춰 조달 • 협력업체의 관리 및 발굴 • 협력업체의 기술 수준, 장비 현황, 인원 등을 파악하여 외주 적정성 및 적정 납품 가격 판단
자재관리	• 생산 계획에 맞춰 필요한 부품의 생산라인 공급, 부품의 입출고(선입 선출) 관리 및 적정 재고 유지, 창고 부품의 손실관리
품질관리	• 가공 완료 부품의 검사, 조립 완료품의 출하 전 검사, 검사 방법 연구 및 측정기 조사 • 품질 불량에 대한 원인 분석을 통한 불량 감소 기법 연구
서비스	• 판매 제품의 고장 수리, 고객에 대한 유지관리 및 고장 예방 교육, 서비스 부품 재고관리 및 판매, 서비스 인원의 교육 및 관리 • 고장 원인 분석 및 제품 개발 피드백
영업	• 기술 영업

▌ 실습실 현황

작업실 전경

강의실 전경

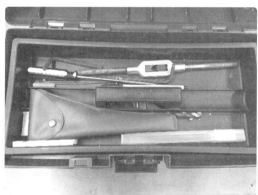

공구함

5인치 바이스(추천)   4인치 바이스

석정반

조립용 부품 보관함   장비 보관함

4~6주차 선반 가공

1 가공 도면

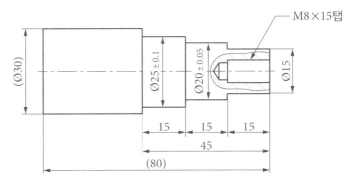

M8×15탭

Ø30
Ø25±0.1
Ø20±0.05
Ø15

15 15 15
45
(80)

그림 1　선반 작업용 도면

> **질문**

- 치수에 있는 괄호의 의미는?
- 공차 표시가 없는 치수의 허용 오차는?
- 45 치수 표시가 있는 경우와 없는 경우의 차이점은?
- M8×15 나사 가공을 위한 기초 드릴 구멍의 직경과 깊이는?

2 준비물

- 가공용 재료 : SM45C, Ø30×80L
- 선반 4대[심압대 및 심압출(tail spindle) 포함]
- 인서트 팁(insert tip) 다수
- 버니어 캘리퍼스(vernier calipers), 길이 측정 도구 1개/조

- Ø6.8-Ø7 드릴
- M8 탭 세트
- 보안경, 솔, 백묵, 매직

가공용 재료

인서트 팁

M8 탭 세트

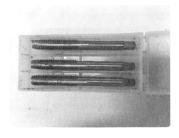

M8 탭 세트(안쪽)

보안경

솔

그림 2 준비물

그림 3 범용 선반

❸ 실습 목표

버니어 캘리퍼스로 측정하면서 도면상의 치수 공차를 맞추고, 선반 주축의 회전수(절삭 토크와 반비례)와 절입량 및 회전수와 공구 이송속도에 따른 절삭면의 조도 변화를 이해한다. 작업 순서를 어떻게 배치해야 빠른 시간에 정밀도를 만족시키면서 가공을 완료할지에 대해 검토하는 것을 목표로 한다.

❹ 실습 순서

(1) 버니어 캘리퍼스 사용법

기업에서 가장 많이 사용하는 기본 측정기로 막대 자에 버니어라는 이동 자(슬라이더)를 붙인 것으로 큰 눈금과 작은 눈금을 합친 것이 측정 값이다. 버니어 눈금은 1mm를 20등분한 것이며 최소 읽기 값은 0.05mm이다.

(2) 버니어 캘리퍼스의 구조

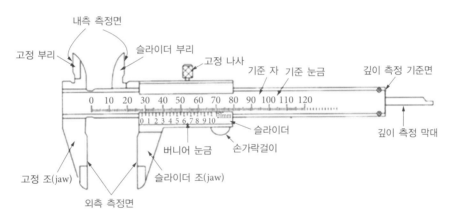

그림 4 버니어 캘리퍼스의 구조

버니어 캘리퍼스로 측정한 값을 읽는 방법은 소수점 이상 값은 슬라이더의 '0'이 지난 고정 자의 값을 읽고, 소수점 아래 값은 슬라이더의 눈금과 고정 자의 눈금이 일치하는 곳의 슬라이더 값을 읽는다. 아래 그림은 측정 예이다.

57.35

그림 5 눈금 읽기 예 1

그림 6 눈금 읽기 예 2

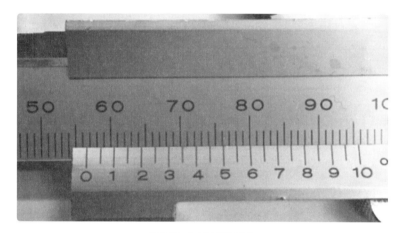

그림 7 눈금 읽기 예 3

버니어 캘리퍼스로 측정할 수 있는 형상은 네 가지로 각각의 측정 방법은 아래와 같다.

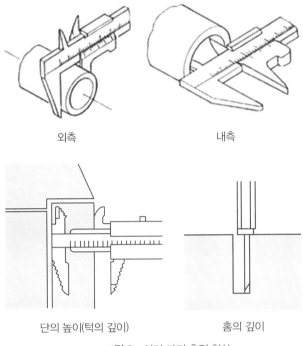

외측   내측

단의 높이(턱의 깊이)   홈의 깊이

그림 8 여러 가지 측정 형상

※ 주의 : 홈의 깊이를 측정하는 부위로 턱의 깊이를 측정하는 경우가 있는데, 홈 깊이 측정 부위의 끝
은 매우 좁기 때문에 이것으로 턱의 깊이를 측정하면 부정확하다.

(3) 선반 사용법 설명

• 주축 회전, ON/OFF
• 소재 클램프(clamp) : 척(chuck)에 물리는 요령
• 축 이송 및 치수 맞추기 방법
• 공구 조정 방법 : 외경 선삭, 면삭, 모따기, 홈 가공에 따라
• 심압대(tailstock)를 이용한 구멍 가공 방법
• 탭 사용 방법 : 탭 핸들, 1, 2, 3번 탭

그림 9   주축 회전 레버

빨간색 둥근 손잡이를 중립 위치에서 올리거나 내리면 정회전 또는 역회전한다. 주축의 회전 방향은
절삭 바이트의 위치에 따라 달라진다.

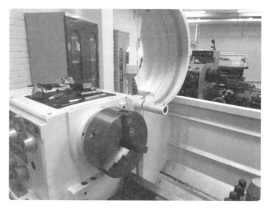

그림 10   척과 척 커버(오른쪽 그림처럼 척 커버가 열려 있으면 주축은 회전하지 않는다)

척 커버가 없는 선반인 경우 안전에 특히 유의해야 하는데, 척 핸들로 소재를 조인 후 척 핸들을 빼
지 않고 주축을 회전시키는 대형 사고가 발생할 확률이 매우 높으므로 반드시 확인하도록 주의한다.

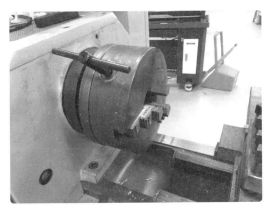

그림 11 척 핸들(핸들을 돌려 연동 조를 조이거나 풀 수 있다)

그림 12 주축 회전수 세팅 레버

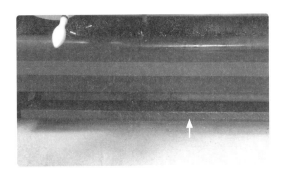

그림 13 주축 정지 브레이크(체크 플레이트 발판)

하나의 작업이 끝나면 이송 축을 움직이기 전에 반드시 브레이크를 꾹 눌러 주축을 정지시켜야 한다. 그렇지 않으면 학생들은 방향 전환에 익숙하지 않으므로 회전하고 있는 재료와 충돌하는 큰 사고가 발생할 수 있다.

그림 14 왕복대

그림 15 Z축 이송 핸들

공구가 고정되어 있는 공구대(tool post)를 Z, X 방향으로 이송시켜 소재를 원하는 형상으로 가공할 수 있게 하는 장치를 왕복대(carriage)라 한다.

그림 16   X축 이송 핸들

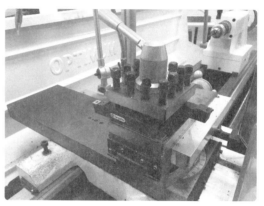

그림 17   공구대

그림 18   공구대 이송 핸들

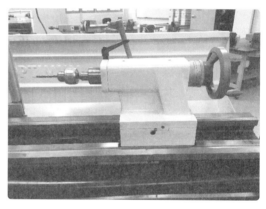

그림 19   심압대

그림 20   심압대 활용 드릴 장착

주의 사항

- 작업자는 반드시 보안경 착용(칩으로부터 눈 보호)
- 장갑, 목도리 착용 불가, 옷차림 및 머리카락 주의
- 기계 작동은 혼자서 할 것(안전사고 방지)
- 측정은 작업자가 직접 하며 척에서 풀지 말고 할 것
- 칩(chip) 청소는 솔을 사용할 것
- 작업은 내가 편한 자세에서 할 것
- 작업은 조원 모두가 골고루 나눠 할 것
- 개별 행동 금지
- 긴급 사태 발생으로 기계를 즉시 정지시켜야 하는 경우 적색 '비상 정지' 버튼을 누름

(4) 연습 절삭 실시

- 조별 연습용 소재를 사용하여 개인별로 충분히 절삭하여 본다.

5 가공 실시

(1) 가공 조건

① 황삭
   - 깊이 0.5mm/회 이하로 가공
   - 주축 회전수 300rpm 정도
   - 이송 속도는 적당히 맞춰서 함
   ▲ 현장 작업에서는 이것보다 훨씬 큰 값으로 작업하지만 학교에서는 절삭유를 공급하면서 가공하기 어려우므로 가공 시 발생하는 열을 제거할 수 없어 절삭을 과도하게 하면 인서트 팁이 과열되어 수명이 짧아지므로 황삭 조건을 규제한다.
② 정삭
   - 깊이 0.1mm/회 이하
   - 주축 회전수 900rpm 정도
   - 이송 속도는 표면 조도를 확인해 가면서 적절히 조정

조별 과제

- 작업 공정 짜기 : 주어진 공차를 맞추면서 빠른 시간 내에 작업을 완료할 수 있는 작업 공정(과제 시간 : 30분)

(2) 정밀도 내기

가공 후 측정을 반복하면서 목표 치수를 맞추며, 특히 길이 방향 치수 맞추기에 주의하면서 작업한다.
이때 측정은 부품을 아래 그림과 같이 척에 물린 상태에서 해야 한다.

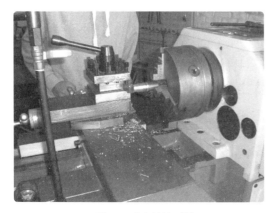
그림 21 외경 선삭 작업

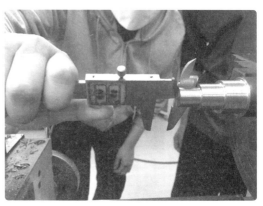
그림 22 턱 깊이 측정

그림 23 가공된 지름 측정

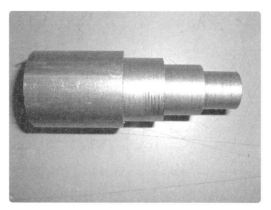
그림 24 선삭 작업 완료 부품

그림 25 심압대 사용 드릴 작업

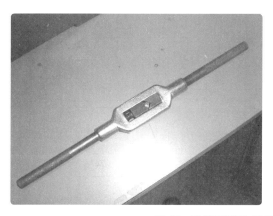

그림 26 탭 핸들(왼쪽), 탭 핸들에 탭을 끼운 모습(오른쪽)

탭 작업 시 탭을 드릴 구멍에 맞출 때 구멍에 수직으로 들어가도록 주의해야 하는데, 수직이 맞지 않으면 탭이 부러질 가능성이 커진다. 처음에는 한 손으로 탭 핸들을 잡고 수직을 맞추면서 돌리고, 어느 정도 자리를 잡은 다음 두 손으로 양 끝을 잡고 돌린다.

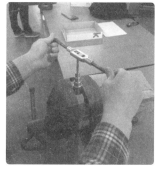

처음(한 손으로)   자리 잡은 후(두 손으로)

그림 27 핸드 탭 작업

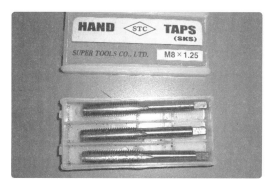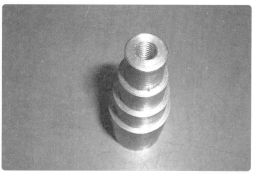

그림 28 탭 세트   **그림 29** 가공 완료 부품

- 탭이 3개(1, 2, 3번 탭)가 한 세트인 이유
  - 1~3번 탭의 차이점 : 탭 끝의 테이퍼가 다름
  - 3번 탭으로 바로 가공 시 처음에 드릴 구멍의 중심선과 탭의 중심선을 맞추는 것이 어렵다.
  - 3번 탭으로 바로 가공 시 탭에 걸리는 저항이 크므로 탭이 부러질 가능성이 커진다.

그림 30   탭핑 오일(탭 가공, 드릴 가공 및 리머 작업 시 적당량을 뿌려 준다)

(3) 가공된 치수 측정 및 기록

- 치수 기입 시 소수점 2자리까지 기록할 것
- 조원 4명이 한 번씩 측정하여 기록할 것

▌**표 1.1**   기록지

측정 치수	1	2	3	4	평균
Ø15					
Ø20±0.05					
Ø25±0.1					
L1=15					
L2=15					
L3=15					

과제 평가

- 수업 태도 : 조별 작업 시 협력 정도, 참여도
- 공차 내로 작업된 치수의 개수
- 표면 조도

7~9주차 드릴 가공 및 수 가공

제품 개발 시 여러 가지 잘못으로 부품 가공이 잘못되는 경우가 종종 발생하는데, 이런 경우 대부분 프로젝트 일정상 기계에 올려서 작업하는 것이 불가능하므로 엔지니어가 직접 손으로 수정 작업해야 한다. 이때 주로 사용되는 것이 벤치 드릴, 핸드 드릴, 탭 등이다.

1 가공 도면

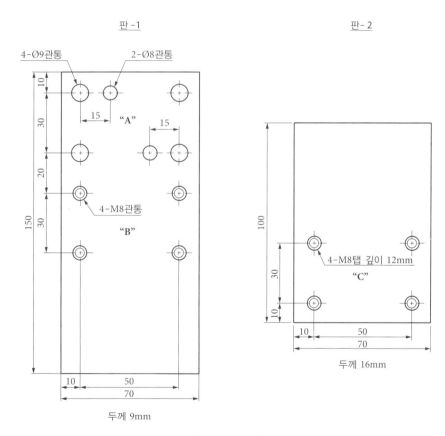

그림 1 드릴 작업용 도면

❷ 준비물

- 재료 : SS400, 9t×150×70 1개(판-1), 16t×100×70 1개(판-2)
- 벤치 드릴 2대
- 핸드 드릴 2대
- HSS 드릴 : Ø9, Ø8, Ø6.8 또는 Ø7
- M8 탭 세트
- Ø8 테이퍼 리머
- M8 소켓헤드 볼트, Ø8 테이퍼 핀
- 마킹 펜
- 센터 펀치
- 망치
- 탭 핸들
- 육각 L 렌치
- 테이퍼 핀 뽑기
- 버니어 캘리퍼스
- 보안경, 솔, 매직

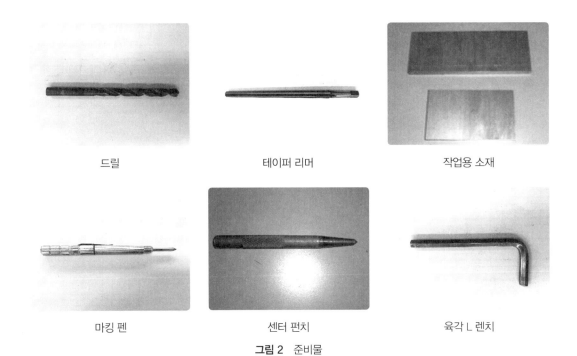

드릴   테이퍼 리머   작업용 소재

마킹 펜   센터 펀치   육각 L 렌치

그림 2   준비물

❸ 실습 목표

- 벤치 드릴, 핸드 드릴 및 탭 가공 작업 이해
- 구멍의 중심 간 거리 측정법 이해
- 볼트 사용법 이해
- 테이퍼 핀의 용도 이해

❹ 작업 내용

① 위 도면대로 가공을 완료한 다음 B부분과 C부분의 각 4 구멍을 볼트로 잠근다.

② A부분과 C부분의 각 4 구멍을 볼트로 잠근다(조이는 볼트의 개수에 따라 조별 점수 평가). 이때 2장의 판 사이 또는 판과 볼트 사이에 종이를 끼워 봤을 때 종이가 들어가면 정상적으로 조이지 않은 것으로 판정한다. 볼트를 조인 구멍 위치에 표시한다.

③ 볼트를 조인 상태에서 판-1의 2-Ø8mm 구멍에 맞춰 벤치 드릴에서 판-2에 구멍을 뚫는다.

④ 이 구멍에 테이퍼 리머 작업을 실시한다.

⑤ 이곳에 테이퍼 핀을 박는다.

⑥ 이 상태에서 매직으로 옆부분에 사선으로 금을 긋는다.

⑦ 테이퍼 핀을 빼고 볼트를 풀어 두 판을 분리한다.

⑧ 이번에는 테이퍼 핀을 먼저 박고 볼트를 조인다.

⑨ 사선으로 그은 금이 전과 같이 일치하는지 확인한다.

❺ 실습 순서

벤치 드릴과 핸드 드릴 사용법을 설명한 다음 연습용 재료를 조별로 나눠 주고 충분히 가공해 보도록 한다.

▌ 연습 내용

① 버니어 캘리퍼스와 마킹 펜을 사용하여 구멍의 중심 위치 표시

질문

정확한 중심거리 확보를 위한 방법은 무엇인가?

② 마킹 선 교차 부위에 센터 펀치와 망치를 사용하여 적당한 홈 작업

③ 핸드 드릴 및 벤치 드릴을 사용하여 구멍을 가공

(1) 구멍 위치 마킹

버니어 캘리퍼스와 마킹 펜을 사용하여 구멍의 가로세로 중심선을 긋는다. 이때 마킹 펜을 너무 세우거나 눕히는 것은 바람직하지 않다. 약 30도 정도 세워서 긋는 것이 좋다. 드릴 작업 시 드릴이 미끄러지지 않도록 중심선의 교차점에 망치와 펀치를 사용하여 적정한 홈을 만든다. 이때 펀치 홈의 크기는 센터 펀치 끝부분의 흰색 부분의 크기 정도로 한다.

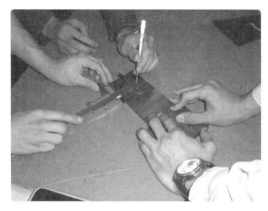

그림 3   선 긋기 작업(약하게 여러 번 긋지 말고 강하게 한 번에 긋는다)

그림 4   센터 펀치 작업(약하게 여러 번 반복해서 때리지 말고 강하게 한 번에 때린다)

(2) 판-1의 A부분 6-구멍과 판-2의 구멍 벤치 드릴 가공

판-1과 판-2를 손으로 잡고 위의 펀칭 홈에 드릴 끝을 맞춘 다음, 홈을 조금 더 크게 만든다. (자리파기 작업으로 바이스에 고정해서 하면 무거워 펀치 홈에 드릴 끝을 맞추는 일이 쉽지 않으므로 소재만 잡고 작업한다). 그다음 판-1과 판-2를 차례로 바이스에 고정하여 구멍 가공을 실시한다(작업 안전을 위해). 이때 이동식 바이스에 소재를 고정하는 위치에 주의해야 한다. 가공할 구멍의 위치는 바이스의 조임 스크루 축의 중심선 위에 있어야 한다. 그렇지 않으면 바이스 밑면에 구멍이 가공되고 만다.

벤치 드릴

조명등, ON/OFF 스위치

드릴 척과 이동식 바이스

드릴 척 상하 이동용 손잡이

드릴 척 핸들

테이블 높이 조정 핸들과 클램프

그림 5 벤치 드릴과 구성요소

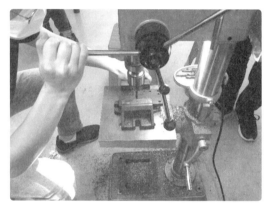

그림 6   벤치 드릴 작업

(3) 판-1의 B부분 핸드 드릴 가공

작업 테이블 위의 바이스(vise)에 판-1을 수직으
로 고정한 다음 드릴의 끝을 펀칭 홈에 맞추고 구
멍 가공을 실시한다. 반드시 보안경을 착용해야
한다. 이때 작업 자세에 유의한다.

그림과 같이 오른팔꿈치는 옆구리에 붙여 팔이
아닌 몸으로 밀면서 작업하고, 왼발은 바이스 바
로 아래에 위치시켜 구멍이 뻥 뚫렸을 때 몸이 앞
으로 고꾸라지지 않도록 한다.

드릴이 판과 상하 좌우 정렬이 맞도록 주의한
다. 특히 상하 수평에 주의한다.

그림 7   핸드 드릴

그림 8   핸드 드릴 작업

질문

핸드 드릴 작업 시 구멍이 잘 안 뚫리는 경우 그 이유는 무엇인가?

(4) 구멍 가공 후 버 제거

드릴 가공을 하면 뒷부분에 버(burr)가 많이 붙는다. 이것을 줄로 쓸거나 하면 부품에 손상이 발생한다. 효과적인 방법으로는 가공된 구멍보다 큰 드릴을 탭 핸들에 끼운 다음 구멍에 드릴 끝을 대고 돌려 버를 제거한다.

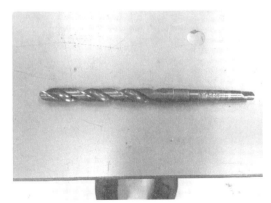

그림 9   버 제거 작업(왼쪽), 큰 드릴(오른쪽)

그림 10   탭 가공

관통 구멍에 탭을 가공할 때는 1, 2, 3번 탭을 모두 사용하지 않고 1번 탭만 사용하되 탭 끝이 오른쪽 사진처럼 밑으로 충분히 나올 때까지 가공한다. 그렇지 않으면 나사의 아랫부분이 불완전해진다.

탭의 테이퍼 부분이 밑으로 다 나올 때까지 돌린다.

(5) 판-1과 판-2의 가공 치수 측정 및 기록

▌표 1   기록지

측정 치수			1	2	3	4	평균
판-1	A부분	50-1					
		50-2					
		30-1					
		30-2					
		대각-1					
		대각-2					
	B부분	50-1					
		50-2					
		30-1					
		30-2					
		대각-1					
		대각-2					

측정 치수		1	2	3	4	평균
판-2	50-1					
	50-2					
	30-1					
	30-2					
	대각-1					
	대각-2					

질문

- 버니어 캘리퍼스로 구멍이 뚫린 구멍 사이의 중심거리를 측정하는 방법은?
- 네 구멍의 중심거리 측정 시 대각 길이도 측정해야 하는 이유는?

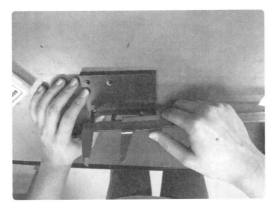 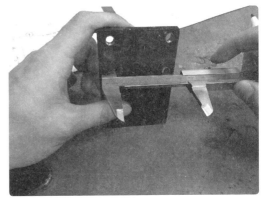

잘못된 예(바닥에 놓고 측정하므로 눈금과 측정인의
눈이 직각이 되지 않아 값을 부정확하게 읽을 수 있다.)   정상

그림 11 측정 방법

(6) 판-1의 B부분과 판-2의 C부분 볼트 결합

결합이 안 되는 것이 정상이다.

(7) 판-1의 A부분과 판-2의 C부분 볼트 결합

☑ **과제 평가**

• 수업 태도
• 결합된 볼트의 개수로 평가한다.

볼트 사용 팁

볼트 사용 시 일반적인 주의 사항 네 가지

1) 볼트의 크기와 개수

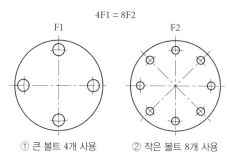

① 큰 볼트 4개 사용   ② 작은 볼트 8개 사용

그림 12   크기와 개수

질문

①과 ② 중 좋은 방법은 무엇인가?

2) 이중 체결

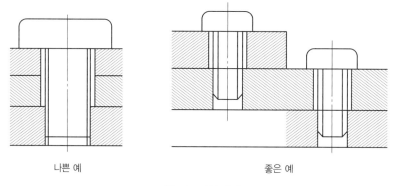

나쁜 예   좋은 예

그림 13   이중 체결

• 3개 부품을 겹쳐 고정하는 경우 왼쪽 그림과 같이 하나의 볼트로 한꺼번에 조이면 균일한 체결력이 작용하기 어려워 볼트가 쉽게 풀릴 수 있다. 오른쪽 그림과 같이 2개씩 따로 고정하는 것이 바람직하다.

3) 전단력이 걸리는 경우

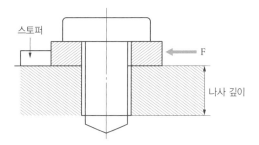

그림 14 전단력이 걸리는 경우 대책

- 볼트로 조인 부품에 전단력이 걸리는 경우는 볼트에 전단력이 걸리지 않도록 부품 반대편에 스토퍼를 설치해 두어야 한다. 한편 나사의 깊이는 나사 호칭 치수의 1.5배 이상으로 하는 것이 바람직하다.

4) 볼트가 풀리지 않게 하는 방법
- 스프링 와셔(spring washer)
- 와이어 록(wire lock)
- 세레이션 플랜지(serration flange)
- 테이퍼 핀(taper pin) 박기
- 더블 너트(double nut)

(8) 테이퍼 리머 작업 및 테이퍼 핀 박기

그림 15 테이퍼 리머 작업

테이퍼 리머(taper reamer) 가공은 탭 가공과 달리 돌리면서 살짝 아래쪽으로 힘을 가해야 한다. 저항이 걸릴 때 강제로 돌리면 부러지기 쉬우므로 신중하게 작업해야 한다. 테이퍼 핀을 때려 박는 정도는 테이퍼 핀의 머리가 심하게 찌그러지지 않을 정도로 한다. 잘못하면 뺄 때 나사가 안 들어갈 수 있다.

그림 16 테이퍼 핀 박기 완료된 부품(볼트 머리가 있는 쪽이 위)

(9) 결합된 부품 측면에 매직으로 마킹

그림 17 사선 마킹

(10) 테이퍼 핀 뽑기 및 볼트 풀기

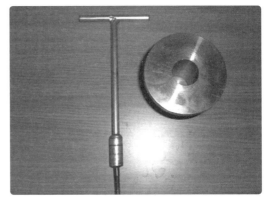

그림 18 테이퍼 핀 뽑기

조립된 판을 바이스에 물고(위아래 판을 동시에 물 경우 볼트에 전단력이 걸리므로 아래 판만 무는 것이 바람직하다) 테이퍼 핀 위쪽에 있는 암나사부에 핀 뽑기 아래쪽의 수나사를 끼운 후 쇠뭉치를 아래에서 위로 강하고 빠르게 밀어 올린다.

(11) 테이퍼 핀을 먼저 박고 볼트를 체결하여 측면의 마킹 선이 일치하는지 확인

그림 19 마킹 선 일치 확인

질문

테이퍼 핀은 어떤 경우에 사용하는가?

10~13주차 조립 및 분해

▶▶▶ "제품의 (   )는 설계, 제품의 (   )은 조립에 의해 좌우된다."

1 작업 도면

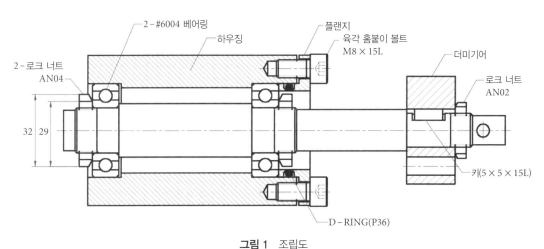

그림 1   조립도

2 준비물

• 조립용 부품 : 하우징, 축, 플랜지, O-링, M8×15 육각 홈붙이 볼트 4개, #6004 베어링 2개, M20 로크 너트 2개, 더미 기어, M15 로크 너트, 5×5 키 재료(이 재료를 이용하여 아래 도면대로 학생들이 제작해야 함)

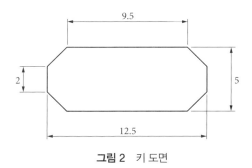

그림 2   키 도면

- 측정기 : 마이크로미터 4종(외경용 0~25mm, 25~50mm / 내경용 5~30mm, 25~50mm), 5인치 고정 바이스
- 조립 공구 : 망치, L 렌치, 몽키 스패너
- 전용 조립 공구

그림 3 좌우측 베어링 조립 공구(왼쪽), 좌측 베어링 분해 공구(오른쪽)

그림 4 로크 너트 조립 공구

그림 5 축 분해 공구
(선반 작업 완료 부품 활용)

3 실습 목표

- 조립과 분해를 통하여 조립 엔지니어가 할 일이 무엇인지 이해
- 끼워 맞춤 공차에 대한 이해
- 마이크로미터 사용법 습득
- 기계 요소(베어링, 키, O-링)의 사용 이해
- 도면 해석 실습

4 실습 순서

(1) 조립용 도면 설명

조별 과제 조립 및 분해 순서를 별도의 종이에 적어 제출(과제 시간 : 30분)

- 고려사항 : 조립 및 분해 시 공간 확보, 힘의 작용과 반작용, 분해는 조립의 역순이 아님

(2) 조립용 부품 배부 및 설명

• 축, 하우징, 더미 기어, 플랜지, O-링, M15 로크 너트, #6004 베어링 2개, M20 로크 너트 2개, M8 볼트 4개

그림 6　조립용 부품

(3) 마이크로미터 사용법 설명

마이크로미터(micrometer)는 버니어 캘리퍼스와 같이 끼움 자의 일종이며 길이의 변화를 나사의 회전 각과 지름에 의해 확대된 눈금으로 읽는 것이다. 사용 방법은 측정면 사이에 측정할 부위를 넣고 측정면이 측정 부위에 닿을 때까지 외통을 돌린 후(일단 닿은 다음에는 절대 힘을 주어 강하게 돌리면 안 된다) 라쳇 스톱을 사용하여 돌린다.

　라쳇 스톱(ratchet stop)을 사용하여 돌리다 측정 부위에 닿으면 '딱' 소리가 나는데(겉도는 소리임), 3번 정도 들은 다음 멈추고 그 값을 읽는다.

　구조는 다음 그림과 같다.

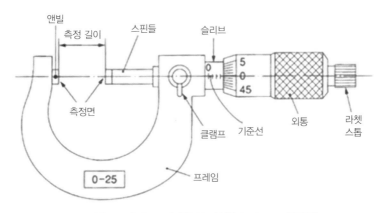

그림 7　마이크로미터의 구조(외측 0~25mm 측정물)

마이크로미터로 측정한 값을 읽는 방법은 소수점 이상은 회전하는 외통의 왼쪽 끝 선이 지난 슬리브의 눈금을 읽으며, 소수점 이하는 슬리브 중간의 수평선과 만나는 외통의 눈금을 읽되 외통의 왼쪽 끝 선이 슬리브 눈금 한 칸의 절반을 넘지 않았으면 외통의 눈금을 그대로 읽고, 넘었으면 외통 눈금 값에 50을 더하여 읽는다.

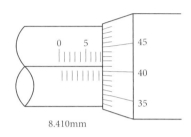

8.410mm

읽는 방법 : 8.0 눈금에서 아래 눈금을 지나기 전이면 8.410mm, 8.0 눈금에서 아래 눈금을 지난 후면 8.910mm

그림 8 마이크로미터 측정 예 1

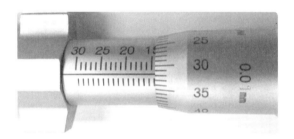

그림 9 마이크로미터 측정 예 2

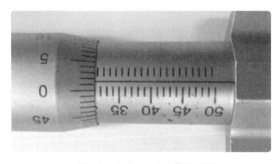

그림 10 마이크로미터 측정 예 3

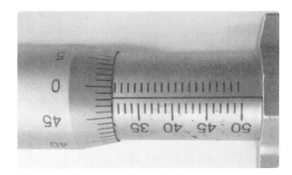

그림 11 마이크로미터 측정 예 4

　마이크로미터는 내측용과 외측용 및 깊이 측정용이 있으며 측정 범위는 0〜25mm용, 25〜50mm용 등과 같이 일정한 범위로 제한되어 있다.

외측용 마이크로미터(0〜25mm)

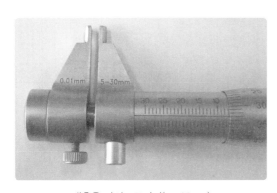

내측용 마이크로미터(5〜30mm)

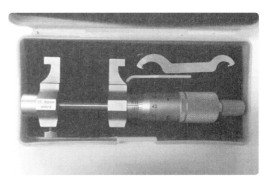

내측용 마이크로미터(25〜50mm)

그림 12 마이크로미터 종류

(4) 마이크로미터 사용

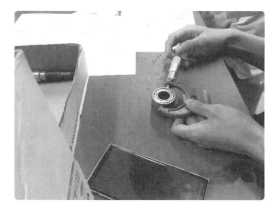

베어링 외경

베어링 내경

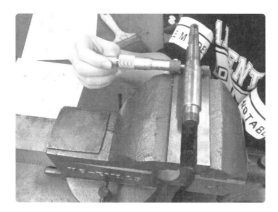

축 외경

하우징 내경

축 외경 측정

그림 13 마이크로미터 측정 방법

- 외경 측정 시 주의점 : 외경은 측정기 외통의 좌우 굵기가 다르므로 바닥에 놓고 측정하면 측정기가 비스듬히 기울어져 부정확한 값이 된다.
- 내경 측정 시 주의점 : 구멍에 측정기를 넣을 때 반드시 수직으로 집어 넣어야 한다. 이때 눈금과 측정자 눈의 눈높이를 맞추지 않으면 자신도 모르게 측정기가 기울어진다.

(5) 부품별 중요 치수를 측정하고 조별 기록지에 기록

개인별로 하나의 치수를 60도 간격으로 3번 측정하여 1~3, 4~6 칸에 기입한다.

치수 측정값은 0.001 단위까지 기록한다.

▌**표 1**   조립용 부품 측정 기록지

	측정 부위	1	2	3	4	5	6	7	8	9	10	11	12	평균
왼쪽	베어링 내경													
	축 지름 Ø20													
	차이													
	하우징 내경													
	베어링 외경 Ø42													
	차이													
오른쪽	베어링 내경													
	축 지름 Ø20													
	차이													
	하우징 내경													
	베어링 외경 Ø20													
	차이													
더미 기어 내경														
축 지름 Ø15														
차이														

- 가로축 : 하나의 측정 치수에 대해 60도 간격으로 3번 측정하여 기록한다(정밀 치수인 경우 진원도를 고려하여 이렇게 측정.
- 세로축 : 측정 위치 및 기준 치수

 질문

설계할 때 끼워 맞춤 공차 선정 시 구멍 공차를 먼저 정한 다음 이를 기준으로 축의 공차를 정하는 이유는?

(6) 조별 평균값을 화이트보드에 기록

- 인터피어런스/클리어런스 기록 : 소수점 3자리까지 기록

(7) 조립용 키 제작

① 키 공차 : h9(50/−0.030)

② 키홈의 공차

▌표 2 키홈의 공차 종류

	축의 키홈	기어의 키홈
보통용	N9(50/−0.030)	Js9(±0.015)
조임용	P9(5−0.012/0.042)	P9
슬라이딩용	H9(5+0.030/0)	D10(5+0.078/=0.030)

그림 14 키 및 키 재료

키 재료를 바이스에 물고(이때 물은 면을 표시하고 이 면을 이후 작업 시에도 계속 물어야 함) 쇠톱으로 아래 도면보다 약간 길게 자른 다음, 줄로 다듬질하여 도면과 같이 키를 만든다. 이때 버가 키홈의 측면과 접촉하는 9.5 면에 생기지 않도록 주의한다. 한 사람이 하나씩 만들어 본인 조립 시 사용한다.

그림 15 쇠톱 절단 작업

　　오른손으로 쇠톱의 손잡이를 잡고 왼손은 손가락을 편 상태에서 톱의 앞쪽 위에 올려 놓는다.

　　오른팔꿈치는 옆구리에 붙이고 양발을 앞뒤로 적당히 벌린 후 다리를 이용하여 몸을 앞뒤로 움직이면서 자른다. 팔로 자르지 말고 몸으로 잘라야 힘을 안 들이고 자를 수 있다.

　　쇠톱은 목재톱과 달리 밀 때 힘을 주고 당길 때는 힘을 빼야 한다.

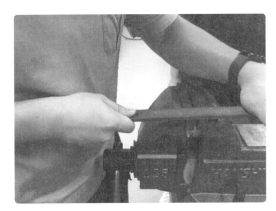 

그림 16　줄에 의한 다듬질 작업

　　줄을 사용한 다듬질 작업 자세는 쇠톱 작업 자세와 같지만 특히 주의해야 할 점은 줄이 다듬질할 면과 항상 수평이 되도록 해야 한다. 팔로 다듬질을 하면 수평 유지가 안 돼 다듬질 면이 볼록하게 되므로 팔은 고정한 채 다리를 움직여 작업해야 한다.

(8) 조립, 분해 순서 및 방법

조별 과제　치수 및 공차 정하기(과제 기한 : 다음 수업 시간에 제출)

- A, B, C, G : 조립 및 분해 시 해당 요소의 역할을 제대로 할 수 있는 치수 및 분해 가능한 치수 정하기
- D : 나사의 피치 정하기
- E, F : 베어링을 조립하는 곳의 적정 공차 정하기

주의 사항 : 치수 및 공차만 기록하면 안 되며, 이유도 설명해야 한다.

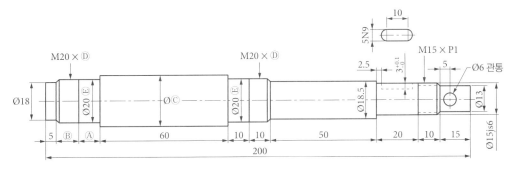

그림 17　과제용 축 도면

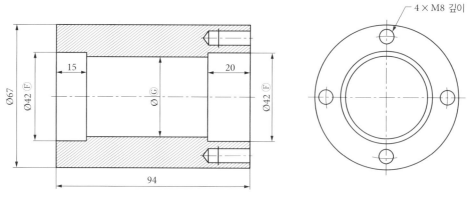

그림 18 과제용 하우징 도면

① 조립 순서

"가공은 눈으로 하고 조립은 귀로 한다."

축에 베어링을 때려 박을 때 축의 턱에 베어링이 확실히 닿았는지를 눈으로 확인하는 것은 불가능하다. 그 차이가 몇~몇십 마이크론이기 때문이다. 이 경우 좋은 방법으로 들어가는 중일 때와 닿았을 때의 소리가 바뀌므로 귀로 확인하는 것이 좋다.

• 과제 설명 : 조립 순서

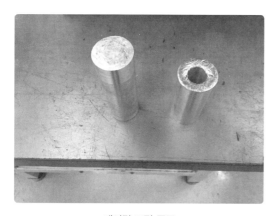

베어링 조립 공구

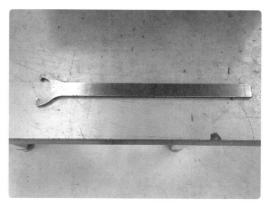

로크 너트 조립 공구

그림 19 조립용 공구

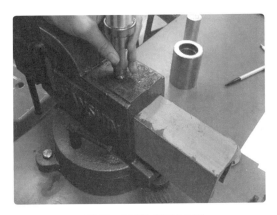

그림 20 오른쪽 베어링 조립

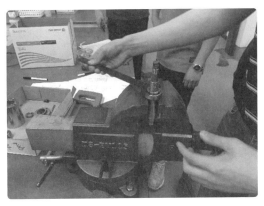

그림 21 중간 로크 너트 조립 중(바이스에 축의 중간 부분을 조이고 로크 너트 돌리개로 꽉 조인다)

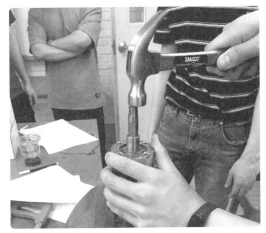

그림 22 서브 조립된 축을 하우징에 조립 중

조립된 축을 하우징에 넣을 때 처음에 비스듬히 놓이는 경우가 많은데, 그대로 망치로 때리면 들어가다가 꽉 끼게 된다. 이렇게 되면 이미 조립된 부분을 분해 후 재조립해야 하는 일이 발생할 수 있다. 그러므로 넣은 후 망치로 베어링 외경 부분을 망치로 톡톡 치면서 수평을 어느 정도 맞춰야 한다.

그림 23 플랜지 조립 중(볼트는 동서남북 순서로 조인다)

그림 24 왼쪽 베어링 조립 중

그림 25 왼쪽 베어링 조립 시 바이스 거치 요령(볼트 머리 바깥쪽을 바이스에 끼워 조여야 안정적이 된다)

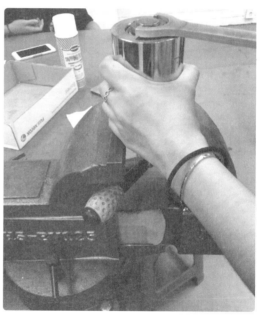

그림 26 왼쪽 로크 너트 체결 중(축이 같이 돌지 않도록 축 구멍에 드라이버를 끼워 놓는다)

그림 27 오른쪽 로크 너트 조립(몽키 스패너 활용)

② 분해 순서
• 과제 설명 : 분해 순서

그림 28 축의 왼쪽 끝을 때려 축을 하우징에서 분리하기

그림 29   중간 로크 너트 풀기

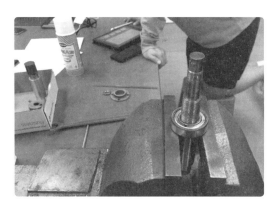

그림 30   축에서 베어링 빼기(베어링 아래 축을 바이스로 조였다 살짝 푼 다음 축을 때리면 베어링을 손상 없이 빼낼 수 있다)

그림 31   축에 키가 조립된 상태

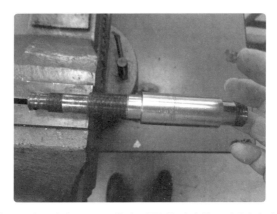

그림 32   키를 바이스로 물고 축의 오른쪽을 잡아 위로 젖히면서 키 빼기

③ 개인별로 한 번씩 조립 후 분해하여 다음 조원에게 넘기기

마지막 사람은 조립한 상태에서 분해하지 말고 대기한다. 다음 과제인 원주 흔들림(run-out) 측정에 사용한 다음 분해한다.

▌ **참고**

그림 33   수나사 가공용 다이스

조립 분해 중 취급 부주의로 축의 나사 부위가 망가져 로크 너트가 들어가지 않는 경우가 종종 있는데, 이때 이 다이스를 사용하여 나사를 수정 가공하면 로크 너트가 잘 들어간다.

5 치수 및 공차 정하기 과제 정답

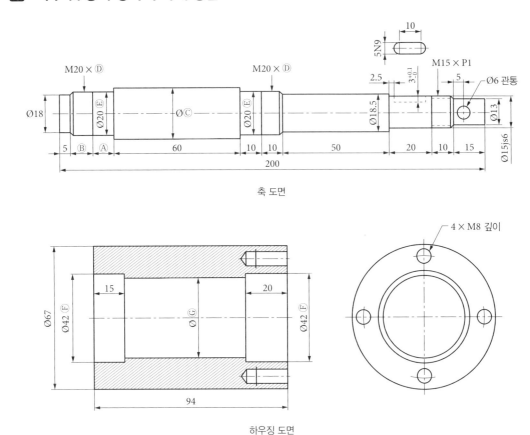

축 도면

하우징 도면

그림 34 과제 도면

(1) 치수 A, B

① 일반 공차를 고려한 치수 설계

공차가 적혀 있지 않은 치수는 적당히 가공해도 좋은가? 결론부터 말하면 '아니다'이다. 일반 치수 허용차라는 것이 규정되어 있어 이에 따라야 한다. 이 허용차는 대부분의 사람이 신경 쓰지 않고 상식 범위에서 제작하면 별 문제 없이 공차 내로 들어오는 범위를 말한다. 부품 제작 시 가공 오차에 문제가 생겨 조립이 되지 않을 때 오차가 일반 공차 내에 들어오지 않으면 책임을 추궁할 수 있다. 일반 공차의 등급에는 정밀급, 중간급, 거친급, 매우 거친급의 네 가지가 있으며, 일반 공차는 아래와 같은 경우에 적용한다.

- 금속의 제거 가공 또는 판재 성형 가공에 의해 제작된 부품의 치수에 적용하되 금속 이외의 재료에 적용해도 된다.
- 다음 치수 종류에 적용한다.

– 길이 치수 : 외측, 내측, 턱, 직경, 반경, 틈새, 모서리 R 및 모따기
– 각도 치수
– 조립품을 기계 가공하여 얻는 길이 치수 및 각도 치수
• 다음 치수에는 적용하지 않는다.
– 괄호로 지시된 참고 치수
– 네모로 지정된 이론적으로 맞는 치수

▌표 3 길이 치수에 대한 일반 공차

공차 등급	기준 치수							
	0.5	3	6	30	120	400	1,000	2,000
	3	6	30	120	400	1,000	2,000	4,000
정밀급	±0.05	±0.05	±0.1	±0.15	±0.2	±0.3	±0.5	−
중간급	±0.1	±0.1	±0.2	±0.3	±0.5	±0.8	±1.2	±2.0
거친급	±0.2	±0.3	±0.5	±0.8	±1.2	±2.0	±3.0	±4.0
매우거친급	−	±0.5	±1.0	±1.5	±2.5	±4.0	±6.0	±8.0

0.5mm 미만인 기준 치수에 대해서는 허용차를 별도로 지시한다.

해당 부품에 적용되는 일반 공차 값은 도면의 표제란 왼쪽에 있어야 한다.

(2) 분해를 고려한 치수 설계

베어링의 모서리 R값 : 내륜과 외륜의 크기에 따라 0.3, 0.6, 1.0, 1.1, 1.5, 2, 2.1, 2.5, 3

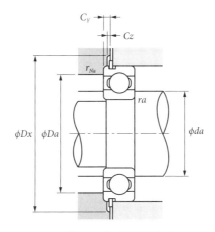

그림 35 베어링의 설치 예

(3) 구매 기계 요소의 치수를 고려한 설계

① 로크 너트의 피치

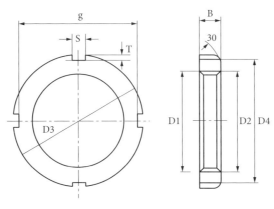

그림 36   로크 너트 치수

▌ **표 4**   로크 너트 치수

호칭 번호	로크 너트						
	나사의 호칭(D1)	D3	D4	S	T	D2	B
AN00	M10×0.75	18	13	3	2	10.5	4
AN01	M12×1	22	17	3	2	12.5	4
AN02	M15×1	25	21	4	2	15.5	5
AN03	M17×1	28	24	4	2	17.5	5
AN04	M20×1	32	26	4	2	20.5	6
AN05	M25×1.5	38	32	5	2	25.8	7
AN06	M30×1.5	45	38	5	2	30.8	7

② 베어링용 끼워 맞춤 공차와 일반 부품용 끼워 맞춤 공차는 다르다

일반 부품은 끼워 맞춰지는 두 부품을 설계자가 지정할 수 있지만, 베어링은 베어링 제조업체가 그들의 제조 기준에 따라 지정한 베어링 공차를 그대로 활용해야 하기 때문이다.

표 5 베어링 내륜의 가공 공차

mm		0급		6급		5급		4급		2급	
이상	이하	상	하	상	하	상	하	상	하	상	하
0.6	2.5	0	−8	0	−7	0	−5	0	−4	0	−2.5
2.5	10	0	−8	0	−7	0	−5	0	−4	0	−2.5
10	18	0	−8	0	−7	0	−5	0	−4	0	−2.5
18	30	0	−10	0	−8	0	−6	0	−5	0	−2.5
30	50	0	−12	0	−10	0	−8	0	−6	0	−2.5
50	80	0	−15	0	−12	0	−9	0	−7	0	−4
80	120	0	−20	0	−15	0	−10	0	−8	0	−5
120	150	0	−25	0	−18	0	−13	0	−10	0	−7
150	180	0	−25	0	−18	0	−13	0	−10	0	−7
180	250	0	−30	0	−22	0	−15	0	−12	0	−8
250	315	0	−35	0	−25	0	−18	−	−	−	−
315	400	0	−40	0	−30	0	−23	−	−	−	−

표 6 베어링 외륜의 가공 공차

mm		0급		6급		5급		4급		2급	
이상	이하	상	하	상	하	상	하	상	하	상	하
2.5	6	0	−8	0	−7	0	−5	0	−4	0	−2.5
6	18	0	−8	0	−7	0	−5	0	−4	0	−2.5
18	30	0	−9	0	−8	0	−6	0	−5	0	−4
30	50	0	−11	0	−9	0	−7	0	−6	0	−4
50	80	0	−13	0	−11	0	−9	0	−7	0	−4
80	120	0	−15	0	−13	0	−10	0	−8	0	−5
120	150	0	−18	0	−15	0	−11	0	−9	0	−5
150	180	0	−25	0	−18	0	−13	0	−10	0	−7
180	250	0	−30	0	−20	0	−15	0	−11	0	−8
250	315	0	−35	0	−25	0	−18	0	−13	0	−8
315	400	0	−40	0	−28	0	−20	0	−15	0	−10
400	500	0	−45	0	−33	0	−23	−	−	−	−

14~16주차 기하 공차 측정

1 다이얼 인디케이터 사용법

다이얼 게이지(dial gauge) 또는 다이얼 인디케이터(dial indicator)는 길이를 재는 것이 아니라 변위량을 표시하는 측정 기기이다. 스핀들 끝에 붙어 있는 측정자의 직선 운동을 기어 등에 의해 회전 운동으로 변환하여 지침으로 표시하는 아날로그 기계식이며, 측정 범위는 10mm 이하이며 눈금은 측정 범위에 따라 0.01mm, 0.002mm, 0.001mm가 있다. 최근에는 디지털로 표시되는 것도 판매되고 있다. 공작물의 평행도, 평면도, 진직도, 직각도 등 형상 정밀도를 측정하거나 회전축 및 선반 가공물의 원주 흔들림(run-out) 측정에 쓰인다.

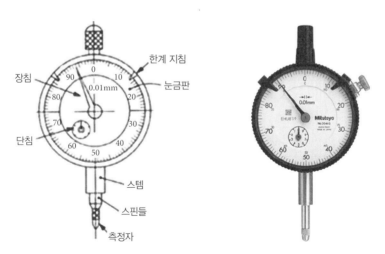

그림 1 다이얼 게이지

다이얼 게이지는 주로 마그네틱 베이스를 이용하여 고정한 후 사용한다.

☑ 앞에서 조립한 축의 처짐량 측정

① 위의 전동축 조립품을 바이스에 적당히 고정한다.
② 다이얼 인디케이터를 조립된 축의 끝부분에 맞춘다. 이때 측정자와 측정면은 수직이어야 한다.
③ 영점을 맞춘다(아래 그림의 다이얼 인디케이터 외통의 검은 부분이 돌아가며 영점을 맞추면 눈금 읽기가 편하다).
④ 10kg짜리 무게를 축의 끝에 매달고 이때 처짐량을 측정한다. 이 측정은 베어링 전동체(볼 또는 롤러)의 탄성 변형에 의한 축의 처짐에 대한 고려에 목적이 있다.

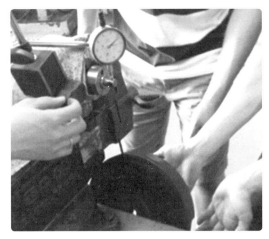

그림 2 축의 처짐량 측정

☒ 앞에서 조립한 축 중심의 원주 흔들림 측정

① 위의 전동축 조립품을 바이스에 적당히 고정한다.
② 다이얼 인디케이터를 조립된 축의 끝부분에 맞춘다. 이때 측정자와 측정면은 수직이어야 한다.
③ 영점을 맞춘다.
④ 축을 천천히 한 바퀴 돌리면서 눈금의 최곳값, 최젓값을 읽어 그 차이를 기록한다.
⑤ 측정을 완료한 조원은 세팅된 마그넷 베이스를 풀어서 다음 조원에게 넘긴다.

그림 3 축의 흔들림 측정

4 LM 가이드의 평탄도, 진직도, 평행도 측정 및 기록

① LM 가이드를 길이 방향으로 10등분 한다.
② 석정반 위에 LM 가이드를 놓는다.
③ 다이얼 인디케이터의 눈금을 LM 가이드 위에
   맞춘다.
④ 다이얼 인디케이터를 이동하면서 각 등분의
   눈금을 기록지에 기록한다.
⑤ 각각의 점을 직선으로 연결한다.
⑥ 조별로 4명이 4번 측정하여 기록지에 기록한다.

그림 4 평탄도 측정

5 조립품 분해

• 마지막 사람은 조립품을 분해 후 정리하여 반납한다(공구함 정리, 조별 박스 정리).
• 청소 및 주변 정리
• 종강

 엔지니어의 삶

• 문제해결의 삶 : 대부분은 고차원적인 문제가 아닌 비수학적, 비이론적인 문제, 신제품 개발(성능, 기능), 공
  정 개발(생산성 향상, 품질 향상), 품질 개선(불량 감소, 재발 방지)
• 문제해결 능력 요구 : 생각하는 습관(문제 의식 + 계획을 세운다), 실무 기본 지식(기계 재료, 가공법, 기계
  요소의 장단점)
• 4차 산업혁명 시대에도 필요한 스킬 : 문제해결 능력, 비판적 사고, 창의성, 협동 지성

부록 A 실습 필요 장비 · 부품 목록 및 도면

▌장비, 측정기 및 공구 리스트(4개조 기준)

번호	이름	사양	수량	비고
1	선반		4대	
2	절삭용 인서트		다수	
3	벤치 드릴		2대	
4	드릴 공구	Ø6.8, 8, 9mm	다수	
5	핸드 드릴		2대	
6	바이스	5 인치	4대	
7	버니어 캘리퍼스	0~150mm 이상	4	
8		외경 0~25mm	4	
9		외경 25~50mm	4	
10	마이크로미터	내경 5~30mm	4	
11		내경 25~50mm	4	
12	다이얼 게이지	0.01mm 급	4	
13	마그넷 베이스		4	
14	석정반	500×400mm 정도	4	
15	스트레이트 에지	길이 500mm	4	
16	공구 박스		4	
17	몽키 스패너		4	
18	+, − 드라이버	Ø5	각 4	
19	육각 L 렌치	M8 볼트용	4	
20	센터 펀치		4	
21	마킹 펜		4	
22	칩 청소용 솔		4	
23	보안경		8	

번호	이름	사양	수량	비고
24	탭핑 오일		4	
25	줄		4	
26	망치		4	
27	쇠톱		4	
28	탭 핸들		4	
29	탭 세트	M8용	4	
30	테이퍼 리머	Ø8용	4	
31	사업용 클리닝 페이퍼		1통	
32	LM 가이드 레일	길이 300mm	4	
33	웨이트	10kg	4	
34	베어링 조립 공구	내륜용	4	
35		외륜용	4	
36	로크 너트 조립 공구		4	레이저 가공
37	테이퍼 핀 뽑기		4	

▌ 준비 부품 리스트

번호	이름	사양	수량/조	비고
1	하우징		1	
2	축		1	
3	플랜지		1	
4	더미 기어		1	
5	깊은 홈 볼 베어링	#6004	2	
6	로크 너트	M20×1	2	AN04
7	로크 너트	M15×1	1	AN02
8	육각 홈붙이 볼트	M8×15	8	
9	M6 나사붙이 테이퍼 핀	Ø8×30	2	
10	O-링	P36	1	

(계속)

번호	이름	사양	수량/조	비고
11	키 재료	5×5	1줄	
12	선반 가공용 소재	SM45C, Ø30×80L	1	
13	드릴 가공용 소재	SS400, 150×70×9t	1	레이저 가공
		SS400, 100×70×16t	1	

조립용 부품 도면

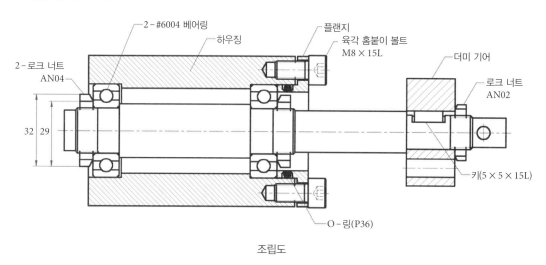

조립도

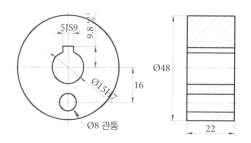

더미 기어

SM45C, 아연 도금

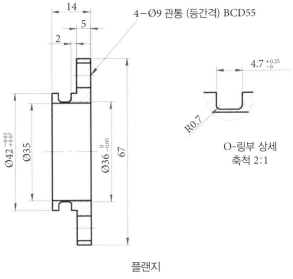

플랜지
SM45C, 아연 도금

O-링부 상세
축척 2:1

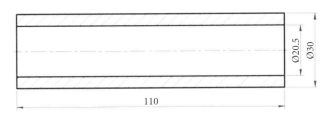

베어링 조립 공구(내륜용)
SM45C, 아연 도금

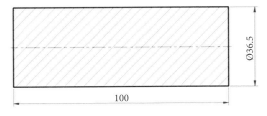

베어링 조립 공구(외륜용)
A6061 알루미늄 합금

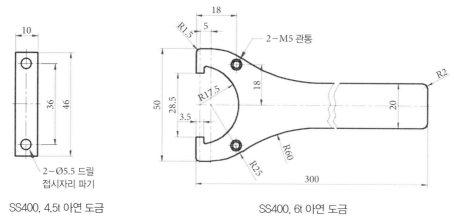

로크 너트 조립 공구(두 부품을 나사로 조립하여 사용)

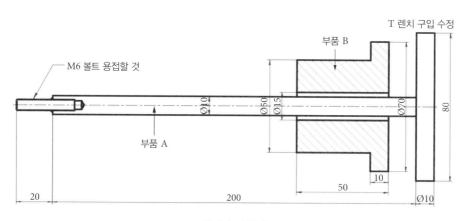

테이퍼 핀 뽑기

부품 A : 적정한 T 렌치를 구입하여 아랫부분을 잘라낸 다음 M6 볼트를 그림과 같이 용접한다.

부품 B : SM45C, 아연 도금

부록 B   실습 자료 : 기계 재료 가공법 분류표

1. 절단 — 톱(saw)
   — 고속 절단(wheel saw)
   — 전단(shear)
   — 가스 절단(gas cutting)
   — 플라스마 절단(plasma cutting)
   — 레이저 절단(laser cutting)
   — 워터젯 절단(water jet cutting)
   — 와이어 컷 쏘(wire cut saw)

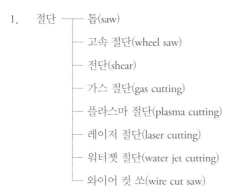

2. 제거 가공 — 절삭 — 선삭(turning)
   — 밀링(milling)
   — 드릴링(drilling)
   — 형삭(shaping)
   — 브로칭(broaching)
   — 보링(boring)
   — 머시닝 센터(machining center)
   — 기어 절삭(gear cutting)
   — 면취(chamfering)

   연삭 — 연삭(grinding)
   — 호닝(honing)
   — 래핑(lapping)

   특수 — 방전 가공(electrical discharge machining)
   — 전해 가공(electrolytic machining)
   — 포토 에칭(photo etching)

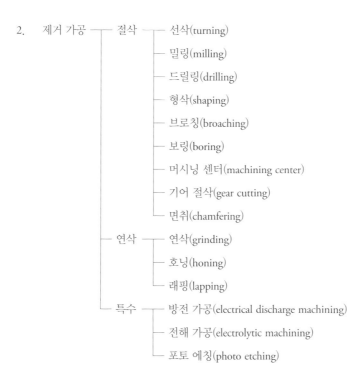

3. 판재 성형 가공

- 프레스 브레이킹(press braking)
- 터릿 펀치 프레스(turret punch press)
- 롤링(rolling)
- 롤 포밍(roll forming)
- 스피닝(spinning)
- 프레스 성형
  - 드로잉(drawing)
  - 충격(impact forming)
  - 부풀림
    - 비딩(beading)
    - 엠보싱(embossing)
    - 리빙(ribbing)
    - 벌징(bulging)
    - 루버링(rouvering)
    - 늘림(stretching)
  - 벤딩(bending)
  - 홀 플랜징
    - 버링(burring)
    - 딤플링(dimpling)
  - 플랜지 성형
    - 플랜징(flanging)
    - 컬링(curling)
  - 압축 성형
    - 코이닝(coining)
    - 업셋팅(upsetting)
    - 인덴팅(indenting)
    - 아이어닝(ironing)
    - 스웨이징(swaging)
    - 플래트닝(flattening)
    - 마킹(marking)
- 프레스 전단
  - 커팅(cutting)
  - 파팅(parting)
  - 블랭킹(blanking)
  - 피어싱(piercing)
  - 트리밍(trimming)
  - 노칭(notching)
  - 슬리팅(slitting)
  - 셰이빙(shaving)

```
                    ┌─ 하프 블랭킹(half blanking)
                    │
            ┌─ 프레스 접합 ─┬─ 파인 블랭킹(fine blanking)
            │           ├─ 시밍(seaming)
            │           ├─ 플랜지 접합(flange bonding)
            │           ├─ 코킹(스테이킹)(caulking, staking)
            │           └─ 압입 접합
            ├─ 하이드로 포밍(hydro forming)
            ├─ 폭발 성형(explosive forming)
            ├─ 핀 성형(peen forming)
            └─ 핫 스탬핑(hot stamping)
```

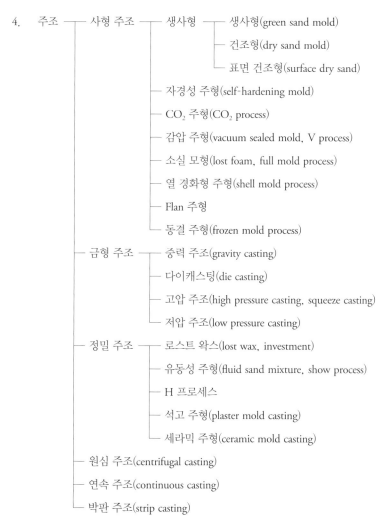

```
4.  주조 ─┬─ 사형 주조 ─┬─ 생사형 ─┬─ 생사형(green sand mold)
          │           │         ├─ 건조형(dry sand mold)
          │           │         └─ 표면 건조형(surface dry sand)
          │           ├─ 자경성 주형(self-hardening mold)
          │           ├─ CO₂ 주형(CO₂ process)
          │           ├─ 감압 주형(vacuum sealed mold, V process)
          │           ├─ 소실 모형(lost foam, full mold process)
          │           ├─ 열 경화형 주형(shell mold process)
          │           ├─ Flan 주형
          │           └─ 동결 주형(frozen mold process)
          ├─ 금형 주조 ─┬─ 중력 주조(gravity casting)
          │           ├─ 다이캐스팅(die casting)
          │           ├─ 고압 주조(high pressure casting, squeeze casting)
          │           └─ 저압 주조(low pressure casting)
          ├─ 정밀 주조 ─┬─ 로스트 왁스(lost wax, investment)
          │           ├─ 유동성 주형(fluid sand mixture, show process)
          │           ├─ H 프로세스
          │           ├─ 석고 주형(plaster mold casting)
          │           └─ 세라믹 주형(ceramic mold casting)
          ├─ 원심 주조(centrifugal casting)
          ├─ 연속 주조(continuous casting)
          └─ 박판 주조(strip casting)
```

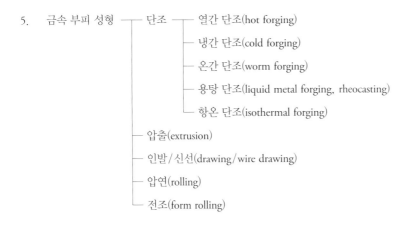

5.   금속 부피 성형 —— 단조 —— 열간 단조(hot forging)
           └— 냉간 단조(cold forging)
           └— 온간 단조(worm forging)
           └— 용탕 단조(liquid metal forging, rheocasting)
           └— 항온 단조(isothermal forging)
      ├— 압출(extrusion)
      ├— 인발/신선(drawing/wire drawing)
      ├— 압연(rolling)
      └— 전조(form rolling)

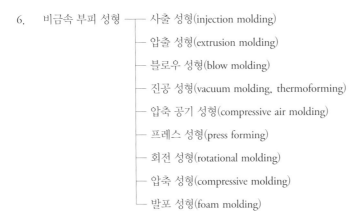

6.   비금속 부피 성형 —— 사출 성형(injection molding)
       ├— 압출 성형(extrusion molding)
       ├— 블로우 성형(blow molding)
       ├— 진공 성형(vacuum molding, thermoforming)
       ├— 압축 공기 성형(compressive air molding)
       ├— 프레스 성형(press forming)
       ├— 회전 성형(rotational molding)
       ├— 압축 성형(compressive molding)
       └— 발포 성형(foam molding)

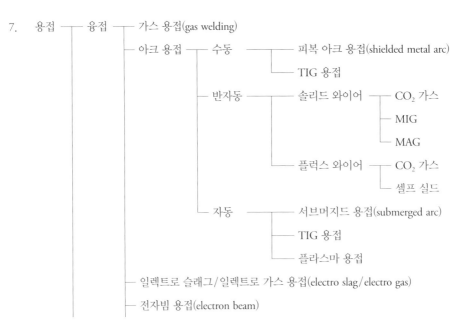

7.   용접 —— 용접 —— 가스 용접(gas welding)
     ├— 아크 용접 —— 수동 —— 피복 아크 용접(shielded metal arc)
          └— TIG 용접
        ├— 반자동 —— 솔리드 와이어 —— CO_2 가스
            ├— MIG
            └— MAG
          └— 플럭스 와이어 —— CO_2 가스
            └— 셀프 실드
        └— 자동 —— 서브머지드 용접(submerged arc)
          ├— TIG 용접
          └— 플라스마 용접
   ├— 일렉트로 슬래그/일렉트로 가스 용접(electro slag/electro gas)
   └— 전자빔 용접(electron beam)

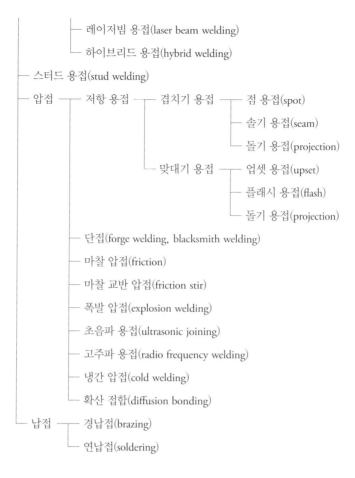

```
        ┌─ 레이저빔 용접(laser beam welding)
        └─ 하이브리드 용접(hybrid welding)
  ├─ 스터드 용접(stud welding)
  ├─ 압접 ┬─ 저항 용접 ┬─ 겹치기 용접 ┬─ 점 용접(spot)
  │      │            │             ├─ 솔기 용접(seam)
  │      │            │             └─ 돌기 용접(projection)
  │      │            └─ 맞대기 용접 ┬─ 업셋 용접(upset)
  │      │                          ├─ 플래시 용접(flash)
  │      │                          └─ 돌기 용접(projection)
  │      ├─ 단접(forge welding, blacksmith welding)
  │      ├─ 마찰 압접(friction)
  │      ├─ 마찰 교반 압접(friction stir)
  │      ├─ 폭발 압접(explosion welding)
  │      ├─ 초음파 용접(ultrasonic joining)
  │      ├─ 고주파 용접(radio frequency welding)
  │      ├─ 냉간 압접(cold welding)
  │      └─ 확산 접합(diffusion bonding)
  └─ 납접 ┬─ 경납접(brazing)
         └─ 연납접(soldering)
```

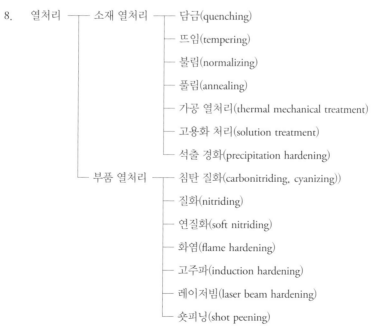

```
8.  열처리 ┬─ 소재 열처리 ┬─ 담금(quenching)
          │             ├─ 뜨임(tempering)
          │             ├─ 불림(normalizing)
          │             ├─ 풀림(annealing)
          │             ├─ 가공 열처리(thermal mechanical treatment)
          │             ├─ 고용화 처리(solution treatment)
          │             └─ 석출 경화(precipitation hardening)
          └─ 부품 열처리 ┬─ 침탄 질화(carbonitriding, cyanizing))
                        ├─ 질화(nitriding)
                        ├─ 연질화(soft nitriding)
                        ├─ 화염(flame hardening)
                        ├─ 고주파(induction hardening)
                        ├─ 레이저빔(laser beam hardening)
                        └─ 숏피닝(shot peening)
```

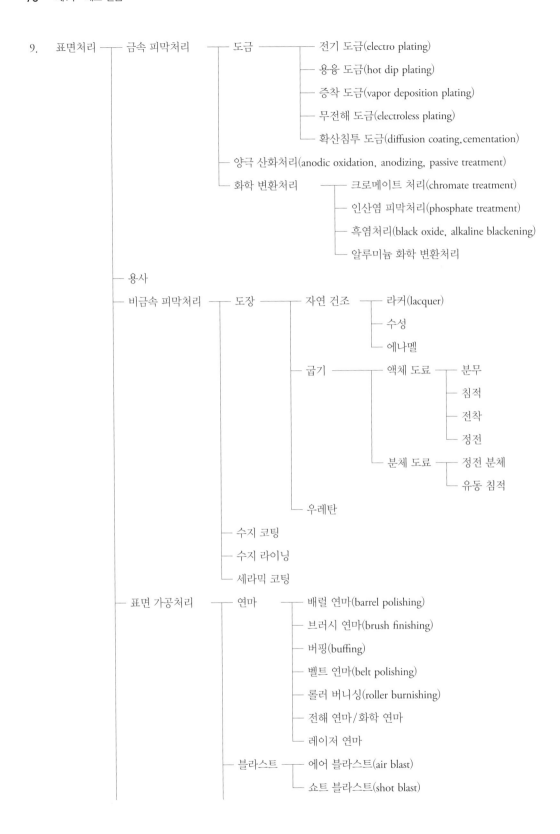

9. 표면처리 ── 금속 피막처리 ── 도금 ── 전기 도금(electro plating)
　　　　　　　　　　　　　　　　　　── 용융 도금(hot dip plating)
　　　　　　　　　　　　　　　　　　── 증착 도금(vapor deposition plating)
　　　　　　　　　　　　　　　　　　── 무전해 도금(electroless plating)
　　　　　　　　　　　　　　　　　　── 확산침투 도금(diffusion coating, cementation)
　　　　　　　　　　── 양극 산화처리(anodic oxidation, anodizing, passive treatment)
　　　　　　　　　　── 화학 변환처리 ── 크로메이트 처리(chromate treatment)
　　　　　　　　　　　　　　　　　　── 인산염 피막처리(phosphate treatment)
　　　　　　　　　　　　　　　　　　── 흑염처리(black oxide, alkaline blackening)
　　　　　　　　　　　　　　　　　　── 알루미늄 화학 변환처리
　　　　── 용사
　　　　── 비금속 피막처리 ── 도장 ── 자연 건조 ── 라커(lacquer)
　　　　　　　　　　　　　　　　　　　　　　── 수성
　　　　　　　　　　　　　　　　　　　　　　── 에나멜
　　　　　　　　　　　　　　── 굽기 ── 액체 도료 ── 분무
　　　　　　　　　　　　　　　　　　　　　　── 침적
　　　　　　　　　　　　　　　　　　　　　　── 전착
　　　　　　　　　　　　　　　　　　　　　　── 정전
　　　　　　　　　　　　　　　　── 분체 도료 ── 정전 분체
　　　　　　　　　　　　　　　　　　　　　　── 유동 침적
　　　　　　　　　　　　　　── 우레탄
　　　　　　　　　　── 수지 코팅
　　　　　　　　　　── 수지 라이닝
　　　　　　　　　　── 세라믹 코팅
　　　　── 표면 가공처리 ── 연마 ── 배럴 연마(barrel polishing)
　　　　　　　　　　　　　　　── 브러시 연마(brush finishing)
　　　　　　　　　　　　　　　── 버핑(buffing)
　　　　　　　　　　　　　　　── 벨트 연마(belt polishing)
　　　　　　　　　　　　　　　── 롤러 버니싱(roller burnishing)
　　　　　　　　　　　　　　　── 전해 연마/화학 연마
　　　　　　　　　　　　　　　── 레이저 연마
　　　　　　　　　　　── 블라스트 ── 에어 블라스트(air blast)
　　　　　　　　　　　　　　　── 쇼트 블라스트(shot blast)

└ 특수처리 ─┬─ 액체 호닝(liquid honing, wet blast)
          ├─ 전기 주조(electro forming)
          ├─ 수압 전사(curl fit)
          └─ 스테인리스강 착색

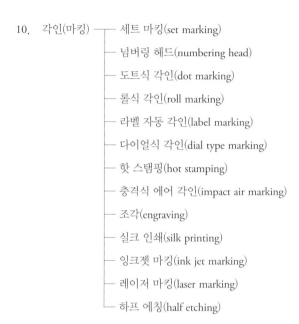

10. 각인(마킹) ─┬─ 세트 마킹(set marking)
             ├─ 넘버링 헤드(numbering head)
             ├─ 도트식 각인(dot marking)
             ├─ 롤식 각인(roll marking)
             ├─ 라벨 자동 각인(label marking)
             ├─ 다이얼식 각인(dial type marking)
             ├─ 핫 스탬핑(hot stamping)
             ├─ 충격식 에어 각인(impact air marking)
             ├─ 조각(engraving)
             ├─ 실크 인쇄(silk printing)
             ├─ 잉크젯 마킹(ink jet marking)
             ├─ 레이저 마킹(laser marking)
             └─ 하프 에칭(half etching)

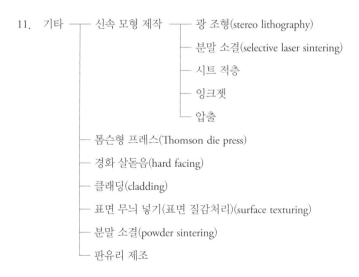

11. 기타 ─┬─ 신속 모형 제작 ─┬─ 광 조형(stereo lithography)
         │   ├─ 분말 소결(selective laser sintering)
         │   ├─ 시트 적층
         │   ├─ 잉크젯
         │   └─ 압출
         ├─ 톰슨형 프레스(Thomson die press)
         ├─ 경화 살돋음(hard facing)
         ├─ 클래딩(cladding)
         ├─ 표면 무늬 넣기(표면 질감처리)(surface texturing)
         ├─ 분말 소결(powder sintering)
         └─ 판유리 제조

II

설계 실습

1 설계 실습의 목적

몇 년 전 공학한림원의 다음 설문 조사에 의하면 '대학 공학교육의 문제가 무엇인가'에 대한 답은 다음과 같았다.

① 공학 실무능력 배양 부족(21%)
② 이론 및 강의 중심 수업으로 창의적 문제해결 능력 부족
③ 산업 변화에 부응하는 공학 교육 방식 미비

이것은 학생들이 학교에서 배운 기계공학 주요 과목의 지식이 실제 업무에서 어떻게 활용되는지, 실제 업무에서 어떤 과목의, 어떤 내용이 필요한지, 마주친 과제를 스스로 어떻게 풀어 가야 하는지를 모르며, 공학 지식의 개념을 이해하지 못하고 단지 공식을 외우고 푸는 것만 배우고 있다는 것을 말해 준다.

현장에서 적용할 수 있는 실무능력 부족과 이론 및 강의 중심 수업으로 인한 창의적 문제해결 능력 부족에 대한 원인으로는 제대로 된 실습 부족을 들 수 있다.

학생들은 학교에서 각종 역학 과목은 물론 실무 과목인 여러 과목을 배운다. 그러나 막상 설계를 하려고 하면 어디서부터 어떻게 해야 하는지 막막하다. 이 책에서는 실제 설계 과제를 기업의 실제 설계 순서 단계 그대로 진행해 보임으로써 초보 엔지니어와 학생들이 이를 참고로 맡은 제품 설계를 수행하는 데 도움이 될 것이라고 확신한다.

이 책을 통하여 초보 엔지니어와 학생들에게 다음과 같은 점에서 많은 도움이 되었으면 한다.

① 기계공학과 설계에 대한 포괄적인 개념 이해
② 엔지니어(설계자)가 가져야 할 기본 자세
③ 업무(설계)를 잘하기 위해 필요한 전공 지식과 사고 능력
④ 기계 재료와 열처리에 대한 개괄적 이해 : 철강을 기본 재료로 하고 이에 더해 요구되는 특성에 따른 재료의 선택
⑤ 기계 재료 가공법에 대한 개괄적 이해 : 재료의 종류 및 소재의 형태에 따라 가공 단계별 가공법 선택
⑥ 기계 요소 트리 이해 : 기계의 구성요소를 기능과 역할을 토대로 체계적으로 정리
⑦ 공차에 대한 이해 : 공차와 비용의 관계 이해

② 설계 실습 교육 프로그램 단계별 교육 내용

단계			강의 내용	지참 교재	리포트
오리엔테이션			공학과 설계		
			설계를 잘하려면		
			조 편성		
개념 설계	구동 메커니즘 결정		개념 설계란		개념도/ 자료 정리
	단계별 감속비 결정		레이아웃 드로잉 : 기본 구상, 감속 열, 축의 배치		
기본 설계	축의 지름 계산(강도/강성)		• 축의 비틀림 강도 및 강성 계산식 • 축의 재료와 허용응력 표 • 기계 재료와 열처리	기계 요소의 이해와 활용 재료 역학	설계 데이터 정리 자료/ 계산 자료
	기어의 크기 결정(피치원 지름, 모듈, 이 너비)		• 피치원 지름 : 축 지름 기준 • 이의 굽힘 강도/면압 강도 계산		
	키의 길이 계산		• 전단 강도 • 끄덕거림 방지		
	축의 길이 설정		(공간적 배치 고려하여 가설정)		
	모터 선정		• 주요 모터의 회전수-토크 선도 • J(GD2) 계산/ 축 환산 J • 풀리와 모터의 자체 관성은 아직 모름		
	풀리, 스프로킷 지름 및 폭 결정 V 벨트, 체인 스펙		• 모터 축 지름 기준 최소 풀리 지름 • 벨트, 체인 : 형별 최소 지름 및 기준 전동 용량		
	모터 출력 재계산		풀리의 J 및 모터 자체 관성 감안		
	축 지름 2차 계산		굽힘 강도 및 강성 고려 (풀리 축 및 모터 축)		
상세 설계	1차 조립도	베어링의 위치 및 종류 결정(축에 걸리는 힘의 방향 및 크기)	• 베어링의 종류 및 특징 • 수명 계산	기계 요소의 이해와 활용	축별 조립도 (개인별과제) 1차 조립도
		• 기어, 풀리, 베어링의 고정 및 기본적인 배치 • 윤활 고려 • 기어 박스	• 조립 및 분해 고려 • 축의 기본 구조 설명 : 고정/지지 • 기어 박스 제조 방법(베어링 하우징)		

	단계		강의 내용	지참 교재	리포트
상세설계	1차 조립도	밀봉 설계	O-링, 오일 실		
		기어 박스 및 모터의 고정	방진		
		벨트 및 체인의 장력 조정	아이들러/인장력 조정 볼트		
	2차 조립도	베어링, 로크 너트, O-링, 오일 실 스펙 결정	오링 홈 및 오일 실 조립 부위 공차		2차 조립도 (3~4회), 부품 리스트 포함
		축, 기어, 풀리, 기어 박스 등의 상세 치수 결정			
	부품도 · 부품 리스트	부품도 설계	도면 표기 : 제도법, 도번, 품명, 수량	기계 제도 기계 재료 기계 재료 가공법	축별 부품도 /기어 박스 (개인별 과제)
			기계 재료와 표면 경화처리		
			공차와 표면 거칠기 가공법별 기준		
			용접 기호		
			표면처리		
			특별 가공 방법		
			주기		
		부품 리스트	부품명, 스펙, 제조 회사, 수량, 재질		

1주차 실습 전 사전 교육

1 기계 설계란 무엇인가

- 광의 : 주어진 조건하에서 기계를 가장 경제적으로 만들기 위한 모든 일이나 행위
- 협의 : 요구되는 성능 및 기능을 가진 기계를 제작하기 위해 조립 제품 및 부품에 관한 필요한 '상세한 정보'를 기계공학을 기초로 하여 제공하는 일
- 상세한 정보란 : 전체 구조, 메커니즘, 각 부분의 형상, 치수, 재료, 가공 방법 및 조립하기 위한 정보
- 조립도(조립하기 위해 그리는 도면)
- 부품도(가공하기 위해 그리는 도면)
- 부품 리스트
- 조립 기준서
- 검사 기준서
- 설계 계산 자료
- CAD로 도면을 그리는 것은 설계가 아니라 제도임

2 설계를 잘하려면

(1) 요리를 잘하려면

- 음식 재료 : 종류, 영양 성분, 좋은 점과 나쁜 점, 궁합(오이와 당근)
- 조리 방법 : 튀김, 찜, 삶, 볶음, 가열 방법(센불, 중불, 약불)
- 조리 기구
- 데코레이션 등에 대해 잘 알아야 한다.

(2) 기계 설계를 잘하려면

- 풍부한 지식 : 기계 재료, 기계 재료 가공법, 기계 요소, 기초 이론
- 창의적 사고 : 열린 사고
- 우수한 가정 능력 : 실제 설계에서는 시험 문제처럼 계산에 필요한 조건이 주어지지 않는다.

---

* 조 편성 : 원하는 학생들끼리 편성 가능, 5~6명/조, 1반 4개조가 적당

(3) 설계자의 기본 사고(마음가짐)

- 팔리지 않으면 아무런 의미가 없다(핵심 포인트 파악) : 우산 물 터는 장치(시간, 비용), 척추 안마기 (무게), 반도체 장비(면적)
- 최상이 아니라 최적의 해법을 찾아라.
- 단순하게 설계하라 : 복잡할수록 잦은 고장 및 비용 상승, 멋있게 보이려고 복잡한 메커니즘을 쓰려는 경향이 있다.
- 원가를 고려하지 않은 설계는 설계가 아니다 : 그냥 아이디어일 뿐
- 모든 과정 및 결과를 다음에 봐도 알 수 있도록 잘 정리하라 : 추후에 문제해결이 빠르다.

(4) 설계 시 검토해야 하는 항목

- 강도, 강성에 의한 신뢰성 확보
- 수명 보장 : 기계를 못 쓰게 되는 원인(피로 파괴, 마모, 녹, 충격, 계산 잘못)
- 고효율, 낮은 유지비
- 안전성
- 조작 및 사용의 편리성
- 사용 환경 : 소음, 진동, 유해 물질, 재활용 재사용(LCA: life cycle assessment)

❸ 설계 실습의 결과물 : 도면

- 도면이란 설계자의 생각이나 의도를 제작할 사람(가공, 검사, 조립) 및 관련된 사람들에게 전달하기 위해 약속된 그림이나 기호 및 글로 작성된 것이다.
- 정확, 간결, 알기 쉽게 작성한다.
- 조립도는 왜 필요한가?
- 부품도는 왜 필요한가?

❹ 준비물

- 필요 서적 : 기계 요소의 이해와 활용, 재료역학, 동력학, 기구학, 기계 재료, 기계 재료 가공법, 기계 제도
- 준비물 : 노트, 인터넷 검색 가능한 기기

❺ 평가

- 출결 : 결석 1회(−6점), 지각 1회(−1점), 무결석 무지각 시(+4점)
- 과제 : 조별 과제(5회), 개인별 과제(2회)
- 수업 태도 : 수시로 체크

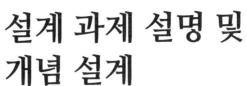 

2주차 설계 과제 설명 및 개념 설계

1 설계 과제

(1) 과제 1형 : 일반 과제

직경 1,000mm 길이 2,000mm인 원통 롤러를 정격 회전수 1,750rpm인 모터를 사용하여 10rpm으로 돌려주는 구동 시스템을 설계한다. 단 10rpm까지 올리는 데 걸리는 시간은 0.5초 이내여야 한다. 모터와 기어 박스 사이의 거리는 700mm이며, 모터는 AC 유도 전동기를 사용한다.

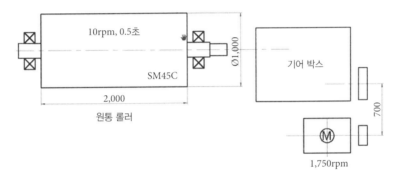

그림 1 일반 과제

(2) 과제 2형 : 변형 과제

직경 2,000mm 높이 300mm인 원판을 정격 회전수 1,750rpm인 모터를 사용하여 10rpm으로 돌려주는 구동 시스템을 설계한다. 단 10rpm까지 올리는 데 걸리는 시간은 0.5초 이내여야 한다.

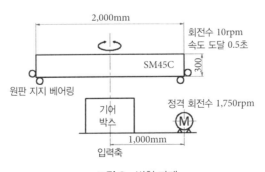

그림 2 변형 과제

(3) 과제 3형 : 고급 과제

무게가 150kg인 테이블을 A점에서 B점까지(거리 2,000mm) 이송하는 데 걸리는 시간이 8초 이내이며 가감속 시간은 각각 0.2초 이내인 구동 시스템을 설계, 모터의 정격 회전수는 1,750rpm이다.

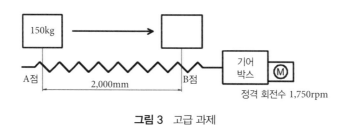

그림 3 고급 과제

여기에서는 과제 1형을 기준으로 풀어 가기로 한다.

❷ 개념 설계 실습

(1) 구동 메커니즘 결정

아래 표와 같은 동력 전달 요소의 장단점을 파악하여 적정한 동력 전달 요소를 선정한다.

▌ **표 1** 동력 전달 요소의 장단점

	기어	V 벨트	이붙이 벨트	롤러 체인	마찰 롤러
위치 및 속도 전달 동기성	◎	×	◎	◎	×
동력 전달 효율	◎	△	◎	◎	△
고속, 경부하	○	○	◎	×	△
저속, 중부하	○	×	△	◎	×
소음 진동	×	◎	◎	△	◎
윤활	필요			필요	
내충격성	×	◎	○	△	◎
배치 자유도	×	△	○	◎	×
축간 거리	이론적으로는 제한이 없으나 축간 거리가 크면 기어의 크기가 너무 커져 비경제적임	5m 이하		4m 이하	

	기어	V 벨트	이붙이 벨트	롤러 체인	마찰 롤러
속도 감속비	속도에 따라 다름 (저속 : 대, 고속 : 소)	1/7 (고속일수록 작은 것이 좋음)	1/10	1/5 (1/8 이하)	
추천 속도	그리스<7m/s 오일 베스(유욕)<15m/s 강제 윤활<12m/s	<50m/sec	<30m/sec	7m/sec 사일런트 체인 <10m/sec	
사용 환경	물, 먼지 ×	열, 기름, 물, 먼지 ×	열, 기름, 물, 먼지 ×	물, 먼지 ×	열, 기름, 물, 먼지 ×

◎ : 유리함, ○ : 약간 유리함, △ : 약간 불리함, X : 불리함

⚙️ 동력 전달 요소 선택 ···

표 1의 여러 가지 동력 전달 요소의 특성을 기준으로 과제의 경우 롤러의 입력 축과 모터 사이가 700mm이므로 여기에는 벨트 전동이나 체인 전동을 우선 고려할 수 있으며, 전체 감속비가 1/175로 매우 크므로 사용 공간을 최소화할 수 있는 기어 박스를 사용하여 기어를 전동 요소로 선정하였다.

롤러 체인의 경우 동력 전달 효율과 배치 자유도는 좋지만 고속에서 불리하기 때문에 선택하지 않고, V 벨트는 동력 전달 효율은 약간 불리하지만 고속에서 사용할 수 있고, 축간 거리가 700mm로 5m 이하이기 때문에 사용 가능하여 최종적으로 V 벨트를 선택하였다.

• 모터 축에서 기어 박스 사이의 동력 전달 요소 : V 벨트 선택

···

(2) 기본 구조 결정

사용될 부품을 간단히 선으로 표현하는 구동 시스템의 기본 구조를 결정한 다음 모터의 회전수 1,750rpm을 롤러의 회전수 10rpm으로, 몇 단계에 걸쳐 얼마의 감속비로 맞출 것인가를 결정한다. 하지만 이 비율은 다음 단계를 진행하면서 약간씩 조정될 수 있다.

여기서는 그림 4와 같이 기어 박스 내에 축을 4개 설치하고 기어를 3쌍 사용하는 것으로 결정하였다.

다음 각 감속열의 비율은 표 2와 같이 선택 1과 선택 2의 두 가지로 정하여 진행하여 본다. 선택 1의 전체 감속비는 1/176이며 선택 2의 전체 감속비는 1/168이다.

선택 1과 선택 2로 나눠 설계를 진행하는 것은 모터 선정까지이며, 이후 상세 설계부터는 선택 1 한 가지로 진행한다.

⚙️ 기본 구조도 및 감속비 결정 ···

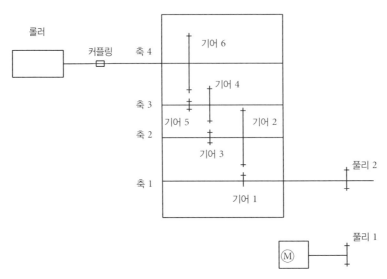

그림 4 동력 전달 메커니즘

▌**표 2** 축간 rpm

부품	동력을 받는 대상	동력을 주는 대상	선택 1		선택 2	
			속도 rpm	속도비	속도 rpm	속도비
모터 축	모터	폴리 1	1750	1/2	1750	1/3.5
축 1	폴리 2	기어 1	875	1/5	500	1/4
축 2	기어 2	기어 3	175		125	
축 3	기어 4	기어 5	40	1/4.4	31.25	1/4
축 4	기어 6	커플링	10	1/4	10.42	1/3

3~10주차   기본 설계

▶▶▶ 구동축에 걸리는 비틀림 모멘트와 굽힘 모멘트 중 굽힘 모멘트는 정해진 치수가 전혀 없으므로 알 수 없어
비틀림 모멘트에 의한 비틀림 강도 및 강성 계산을 수행하여 기준 치수를 결정한다.

1   각 축에 걸리는 최대 토크 계산

축에 걸리는 토크로는 정 토크와 가속 및 감속 토크가 있다. 재료역학에서 배운 F와 R이 주어진 상태
(그림 1)에서의 토크 $T=F \times R(N \cdot m)$은 정 토크에 해당한다. 이를 바탕으로 한 모터 출력은 다음 식으
로 구한다.

- 모터 출력 : $P = \dfrac{2\pi n}{60} T(W)$
- n : 모터 회전수(rpm)

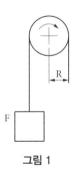

그림 1

    그러나 실제 시스템 설계에서는 전달 동력, 토크, 힘 등은 주어지지 않으며 힘의 크기와 방향 등을
스스로 분석하고 찾아야 한다. 또한 대부분의 기계는 최고 속도에 도달하는 시간을 무한정 허용하지
않으며 기계 종류마다 허용할 수 있는 가속 시간은 다르게 정해지며, 빠른 이송이 필요한 운반용 이송
로봇, 반도체와 디스플레이용 검사 장치, 레이저 절단기 등에서는 가속 시간과 감속 시간을 얼마나 줄
일 수 있느냐가 매우 중요하다. 최대 토크는 그림 2에서 알 수 있듯이 일반적으로 가속 시에 필요하다.

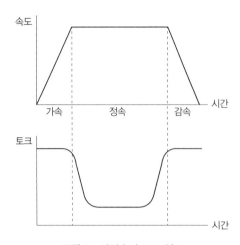

그림 2 가감속과 토크 선도

롤러를 가속시키기 위해 필요한 가속 토크 T는 다음 식으로 구할 수 있다.

$$T(N \cdot m) = Ja = J\frac{dw}{dt} = J\frac{2\pi n}{60t}$$

J : 관성 모멘트(kgm.m^2) $= \dfrac{1}{2}mr^2 = \dfrac{1}{8}mD^2 = \dfrac{\pi}{32}\rho LD^4$

GD^2 : 플라이휠 효과(kgf.m^2)

I : 관성

a : 각 가속도 $= 2\pi n / 60t$(kgf $= 9.8$kgm $\times$ m$/s^2 = 9.8N$)

$$(N \cdot m = \text{kgm} \times \text{m}^2 / s^2)$$

지금 상태에서는 각 축, 기어, 풀리 등의 크기는 아직 모르므로 롤러만의 관성 모멘트로 가속 토크를 구한다.

▌ **표 1** 단위 환산

힘	응력	압력	토크	에너지, 일	효율
N	N/mm^2	Pa	N $\cdot$ m	Joule	W(J/s)
kgf	kgf/mm^2	kgf/cm^2	kgf m	kgf m	kgf m/s

⚙️ 가속 토크 계산 ···

롤러를 주어진 조건대로 가속시키기 위해 필요한 가속 토크는 다음과 같이 구할 수 있다.

$$T = J\alpha = \frac{1}{2}mR^2 \times \frac{2\pi n}{60t} = \frac{1}{2}\rho VR^2 \times \frac{2\pi n}{60t}$$

$$= \frac{1}{2}7860\text{kg/m}^3 \times (\pi 500^2 \times 2{,}000)\text{mm}^3 \times (500\text{mm})^2 \times \frac{2\pi \times 10rev}{60s \times 0.5s}$$

$$= 3{,}232N \cdot m$$

▌**표 2**   여러 가지 회전체의 관성 모멘트

회전체의 형태	SI 단위계	중력 단위계
	J	GD^2
	$J = \frac{1}{8}mD^2$ m : 질량 $= \dfrac{\pi\rho LD^2}{4}$ D : 외경	$GD^2 = \frac{1}{2}WD^2$ W : 중량 D : 외경
	$J = \frac{1}{8}m(D^2 + d^2)$	$GD^2 = \frac{1}{2}W(D^2 + d^2)$
구 	$J = \frac{1}{10}mD^2$	$GD^2 = \frac{2}{5}WD^2$
	$J = \frac{1}{12}m(a^2 + b^2)$	$GD^2 = \frac{1}{3}W(a^2 + b^2)$

(계속)

회전체의 형태	SI 단위계 J	중력 단위계 GD^2
	$J = \dfrac{1}{48} m (3D^2 + 4L^2)$	$GD^2 = \dfrac{1}{12} W(3D^2 + 4L^2)$
	$J = \dfrac{1}{8} m D^2 + m S^2$	$GD^2 = \dfrac{1}{2} WD^2 + 4WS^2$
	$J = \dfrac{1}{4} m D^2 + \dfrac{1}{4} m_2 D^2$ $+ \dfrac{1}{8} m_1 D^2 + \dfrac{1}{8} m_3 D^2$ m_2 : 컨베이어	$GD^2 = WD^2 + \dfrac{1}{4} W_2 D^2$ $+ \dfrac{1}{8} W_1 D^2 + \dfrac{1}{8} W_3 D^2$
	$J = \dfrac{1}{8} m_b D_b^2 + \dfrac{m}{4} \left(\dfrac{p}{\pi} \right)^2$ p : 스크루의 피치 수직인 경우도 J는 동일	$GD^2 = \dfrac{1}{2} W_b D_b^2 + W \left(\dfrac{p}{\pi} \right)^2$
	$J = \dfrac{1}{8} m_1 D^2 + \dfrac{1}{4} m D^2$	$GD^2 = WD^2 + \dfrac{1}{2} W_1 D^2$

2 가속 토크를 기준으로 축 지름 구하기

롤러를 가속시키는 데 필요한 토크는 축의 입장에서 보면 축에 걸리는 비틀림 모멘트이므로 이를 기준으로 축의 지름을 구할 수 있다.

축 지름을 구하는 데는 강도 기준에 의한 축 지름과 강성 기준에 의한 축 지름의 두 가지 기준이 있다. 강도는 소성 변형에 의한 파괴 여부가 기준이며 강성은 탄성 변형에 의한 진동과 소음의 증가 또는 정밀도 저하 여부가 기준이다.

축에 요구되는 변형 특성은 아래 응력-변형률 선도 중 기계 구조용 강의 특성이다. 즉 어느 정도의 항복 강도를 가지며 소성 변형에 의한 파괴가 갑작스럽게 일어나지 않게 적정한 탄성 변형 영역을 가지고 있어 부러지기 전에 진동과 소음의 증가를 통하여 위험 상태임을 알려줄 수 있어야 한다. 이것이 인성(toughness)이다.

한편 굽힘 모멘트에 의한 축 지름 계산은 현재 상태에서는 작용하는 힘과 위치를 아무것도 모르므로 불가능하다. 이것은 나중에 어느 정도 대략적인 치수가 정해지는 1차 조립도가 완성된 후에 가능하다.

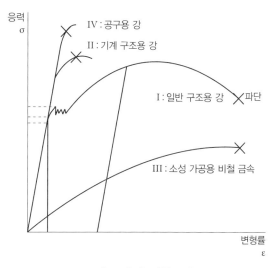

그림 3 응력-변형률 선도

③ 비틀림 모멘트에 의한 축 지름 계산

(1) 강도 계산

축에 걸리는 비틀림 응력 τ는 아래 식으로 구한다.

$$\tau = \frac{Tf_s}{Z_p} = \frac{Tf_s}{\dfrac{\pi d^3}{16}} = \frac{16\,Tf_s}{\pi d^3}$$

한편 축에 걸리는 비틀림 모멘트는 가속 토크와 같다. 여기서 축이 파괴되지 않기 위해서는 $\tau \leq \tau_a$이어야 한다.

따라서 축의 최소 지름 d는 다음 식으로 구한다.

$$d \geq \sqrt[3]{\frac{16\,Tf_s}{\pi \tau_a}}$$

$$Z_p : \text{축의 극단면 계수} = \frac{\pi d^3}{16}$$

τ_a : 축 재료의 허용 비틀림(전단) 응력(표 3 참조)

f_s : 안전 계수

위의 식에서 안전 계수는 제품의 사용 환경 및 축이 파괴될 경우의 위험 정도를 고려하여 기준 하중을 예상 하중의 몇 배로 할 것인가를 의미하며, 축 재료의 허용 응력은 재료 제조 시의 품질 편차, 재료 내부의 조직 불균일, 열처리 편차 등을 감안하여 재료의 최대 인장 강도를 기준으로 인장/압축, 전단, 굽힘에 따라 그 비율을 정하여 값을 취한다.

주요 축 재료의 허용 응력을 표 3에 제시하였다.

▌표 3 주요 축 재료의 허용 응력

재료		최대 인장 강도(MPa)		허용 인장/압축 응력 (인장 강도×0.25)		허용 전단 응력 (허용 인장 응력×0.8)		허용 굽힘 응력 (허용 인장 응력×1.5)		담금 직경 (mm)
		불림	QT							
SM	10C	310		77.5		62		116		21.6
	25C	440		110		88		165		
	30C	470	540	117.5	135	94	108	176.2	202.5	
	35C	510	540	127.5	135	102	108	191.2	202.5	
	40C	540	610	135	152.5	108	122	202.5	228.7	
	45C	570	690	142.5	172.5	114	138	213.7	258.7	
	50C	610	735	152.5	183.7	122	147	228.7	275.6	
	55C	650	785	162.5	196.2	130	157	243.7	294.4	
	58C	650	785	162.5	196.2	130	157	243.7	294.4	
SCr	415		780		195		156		292	66
	430		780		195		156		292	
	440		930		232		185		348	
	445		980		245		196		367	
SCM	415		830		207		165		310	107
	430		830		207		165		310	
	440		980		245		196		367	
	445		1,030		257		205		385	

재료		최대 인장 강도(MPa)		허용 인장/압축 응력 (인장 강도×0.25)	허용 전단 응력 (허용 인장 응력×0.8)	허용 굽힘 응력 (허용 인장 응력×1.5)	담금 직경 (mm)
		불림	QT				
SNC	236		740	185	148	277	120
	415		780	195	156	292	
	631		830	207	165	310	
	815		980	245	196	367	
	836		930	233	186	349	
SNCM	220		830	207	165	310	224
	415		880	220	176	330	
	431		830	207	165	310	
	447		1,030	257	205	385	
	630		1,080	270	216	405	
	646		1,180	295	236	442	
	815		1,080	270	216	405	
SACM	645		830	207	165	310	

이 과제에서 축의 재료로는 표 3 중 중간에 있는 담금과 뜨임 처리(QT 처리)한 SCr 440을 일단 선정하여 계산을 진행하기로 한다.

⚙️ 강도 계산

SCr 440의 허용 전단 응력 $\tau_a = 185\text{Mpa}$이며, 안전 계수를 2로 선택하면 축 4의 비틀림 모멘트는 3232 N·m이므로 축 4의 최소 축 직경 d는 $d \geq \sqrt[3]{\dfrac{16\,Tf_s}{\pi\tau_a}} = \sqrt[3]{\dfrac{16 \times 3232 \times 1000 \times 2}{\pi \times 185}} = \sqrt[3]{178041} = 56.2\text{mm}$로 된다.

SCr 440의 담금 직경 $d = 66\text{mm}$이므로 사용 가능하다.

같은 방식으로 나머지 축에 대해 계산하여 정리하면 표 4와 같다.

▌ 표 4 가속 토크로 계산한 축 지름

| 가속 토크를 고려한 축 지름 설계 | | | | | |
| 선택 1 | | | 선택 2 | | |
부품	비틀림 모멘트(Nm)	축 지름(mm)	부품	비틀림 모멘트(Nm)	축 지름(mm)
모터	18.4			19.2	
축 1	36.7	12.7	축 1	67.3	15.5
축 2	183.6	21.7	축 2	269	24.6
축 3	808	34.2	축 3	1077	37.6
축4	3232	56.2	축 4	3232	56.2

(2) 강성 계산

축의 강성 기준은 단위 길이에 대한 비틀림 각도로 규정되어 있다. 단위 길이에 대한 비틀림각 θ는 다음 식으로 구한다.

$$\theta = \frac{Tf_s}{GI_p}(\text{래디언}) = \frac{Tf_s}{GI_p} \cdot \frac{360}{2\pi}(\text{도})$$

G : 축 재료의 횡탄성 계수

$I_p = \dfrac{\pi d^4}{32}$: 단면 2차 극 모멘트

f_s : 안전 계수(강성 계산 시의 안전 계수는 강도 계산 시 안전 계수보다 작게 잡는 것이 일반적이다)

이 비틀림각의 허용 값은 축이 사용되는 기계의 종류와 정밀도 허용 기준, 소음 및 진동 허용 기준, 하중의 종류에 따라 다르며, 제품에 따라서는 기업마다의 고유 기준이 있다.

일반 전동축의 비틀림각 허용 값(θ_a)은 표 5와 같다.

▌ 표 5 일반 전동축의 비틀림각 허용 값

일반 정하중	< 0.33deg. / m
변동 하중	< 0.25
급격한 반복 하중	< 0.17
긴 이송축	

강성 기준을 만족시키기 위한 최소 축 지름 d는 아래 식으로 구할 수 있다.

$$d \geq \sqrt[4]{\frac{32\,Tf_s}{\pi\,G\theta_a} \cdot \frac{360}{2\pi}}$$

⚙️ 강성 계산

과제의 경우 축은 일반 전동축이라 볼 수 있으며, 강의 횡탄성 계수는 80GPa이며, 안전 계수를 1.3으로 잡으면 축 4의 최소 축 지름 d는 일반 전동축의 $\frac{\theta}{l}=0.33°/\text{m}$, $f_s=1.3$, $G=80\text{GPa}$이므로 다음과 같이 구할 수 있다.

$$d = \sqrt[4]{\frac{32\,Tf_s}{\pi\,G\theta_a\frac{\pi}{180}}} = \sqrt[4]{\frac{32 \times 3232 \times 1000 \times 1.3}{\pi \times 80 \times 10^3 \times \frac{0.33}{1000} \times \frac{\pi}{180}}} = 98.2\text{mm}$$

SCr 440의 담금 직경 $d=66\text{mm}$이므로 사용할 수 없다.

처음 SCr 440으로 재료를 선정하였지만 강성 고려 설계에서 나온 축의 지름이 담금 직경 이상으로 계산되었다. 이 점을 고려하여 담금 직경이 107mm인 SCM 440으로 재료를 변경한다.

같은 방식으로 각 축에 대해 계산하여 정리하면 표 6과 같다.

표 6

	가속 토크를 고려한 축 지름 설계					
	선택 1			선택 2		
부품	비틀림 모멘트(Nm)	축 지름(mm)	부품	비틀림 모멘트(Nm)	축 지름(mm)	
모터	18.4			19.2		
축 1	36.7	32.1	축 1	67.3	37.3	
축 2	183.6	47.9	축 2	269	52.7	
축 3	808	69.4	축 3	1077	74.6	
축 4	3232	98.2	축 4	3232	98.2	

이상에서 알 수 있듯이 강성 기준 축 지름이 강도 기준 축 지름보다 크므로 강성 기준 축 지름을 선택한다.

따라서 각 축의 재료는 담금 직경을 고려하여 표 7과 같이 결정한다.

표 7 결정된 각 축의 재료

선택 1		선택 2	
부품	축 재료	부품	축 재료
축 1	SCr 440	축 1	SCr 440
축 2	SCr 440	축 2	SCr 440
축 3	SCM 440	축 3	SCM 440
축 4	SCM 440	축 4	SCM 440

설계 TIP

1. 토크가 $10^5 - 10^6$ N · m보다 작은 경우는 강성 기준 축 지름이 크고 큰 경우에는 강도 기준 축 지름이 크게 된다.

- 강도 기준 시 안전 계수 = 4, 허용 전단 응력 = 200MPa
- 강성 기준 시 안전 계수 = 2, 횡탄성 계수 = 80GPa, 허용 비틀림 각도 = 0.25도 / m로 가정하면

$$d \geq \sqrt[3]{\frac{16\,T f_s}{\pi \tau_a}} \ \text{와} \ \sqrt[4]{\frac{32\,T f_s}{\pi G \frac{\theta}{l}} \cdot \frac{360}{2\pi}}$$

식으로부터 $4.67\sqrt[3]{T} = 15.5\sqrt[4]{T}$ 가 되는 비틀림 모멘트가 경계가 된다.

2. 비틀림 모멘트와 굽힘 모멘트가 동시에 걸리는 경우의 상당 비틀림 모멘트는 아래 식으로 구한다.

$$T_e = \sqrt{M^2 + T^2}$$

4 기어의 피치원 지름 계산

축 지름을 기준으로 맞물림 기어 짝 중 작은 기어의 피치원 지름을 구한다.

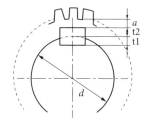

그림 4 축에 조립된 기어 도면

① 축 지름 기준으로 키 규격을 정한다.

② 기어의 피치원 지름을 다음 식으로 구한다.

$$d_p = d + 2(t_2 + a + 1.25\text{m})$$

m : 기어의 모듈(module)

a 값은 기어의 예상 크기에 따라 기어의 살이 찢어지지 않을 정도로
적절한 값을 정하면 된다.

③ 키홈을 감안한 축 지름 보정 : 비틀림 강도에 의한 계산 시에만 적용

보정 축 지름=축 지름/비틀림 강도 비(e) – 응력 집중에 따른 보정

$$e = 1.0 - 0.2\frac{b}{d} - 1.1\frac{d}{t_1}$$

④ 기어의 모듈을 제품의 종류와 맞는, 터무니 없이 작거나 크지 않게 적당히 정한 다음, 다음 식으로
기어 잇수를 정한다.

$$d_p = m \cdot Z$$

⚙️ 피치원 지름 계산 ··

선택 1의 경우 축 1의 기어 1에 대해 위의 과정대로 계산해 보자.

① 키 규격 정하기

▎표 8 결정된 키 규격

부품	선택 1			부품	선택 2		
	키 호칭 b×h	t_1	t_2		키 호칭 b×h	t_1	t_2
축 1	10×8	5.0	3.3	축 1	12×8	5.0	3.3
축 2	14×9	5.5	3.8	축 2	16×10	6.0	4.3
축 3	20×12	7.5	4.9	축 3	22×14	9.0	5.4
축 4	28×16	10.0	6.4	축 4	28×16	10.0	6.4

② 기어 1, 기어 3, 기어 5의 피치원 지름 구하기

피치원 직경 $d_p = d + 2(t_2 + a + 1.25\text{m})$

여기서 a는 5mm로 하고 기어의 모듈 m을 4로 가정하면 기어 1의 경우 $d_p = 32.1 + 2(3.3 + 5 + 1.25 \times 4) = 58.7\text{mm}$가 된다.

한편 피치원 직경 $d_p = m \times z$(모듈 × 이의 개수)이므로 기어 1의 잇수 $z = \dfrac{d_p}{m} = \dfrac{58.7}{4} = 14.675$, 즉 $z = 15$로 된다.

③ 기어의 잇수에 대한 제약조건
- 기어 제작 시 언더컷 방지를 위해 기어의 최소 잇수는 17개 이상이어야 한다(꼭 필요한 경우 14개까지 허용).
- 한 쌍의 기어 잇수는 두 기어의 특정 이끼리 만나는 횟수를 줄일 수 있도록 최소공배수를 크게 만드는 것(또는 공약수가 없게)이 좋다. 두 기어의 특정 이가 자주 만나면 이상 마모가 발생할 가능성이 커진다.

기어의 잇수를 조정하는 데는 모듈을 작게 하여 잇수를 늘리는 방법이 주로 사용되지만 17과의 차이가 크지 않을 경우 모듈 조정 없이 그냥 17개로 늘린다. 따라서 여기서는 기어 1의 잇수를 17개로 조정한다. 같은 방식으로 나머지 기어의 잇수를 계산하여 표 9에 정리하였다.

표 9 기어의 잇수

선택 1			선택 2		
부품	잇수	감속비	부품	잇수	감속비
기어 1	17	1/5	기어 1	17	1/4
기어 2	85		기어 2	68	
기어 3	19	1/4.4	기어 3	21	1/4
기어 4	84		기어 4	84	
기어 5	25	1/4	기어 5	27	1/3
기어 6	100		기어 6	81	

5 기어에 걸리는 힘 F_t 계산

토크와 피치원 지름을 기준으로 기어 이에 걸리는 힘 F_t를 구한다.

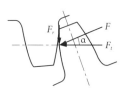

그림 5 기어에 걸리는 힘

- 평기어 : $F_t = \dfrac{2\,T(N\cdot mm)}{d(mm)}$

- 베벨 기어 : $F_t = \dfrac{2\,T}{d_m}$

$$d_m = d - b\sin\delta$$

$$\delta : \text{베벨각}/2$$

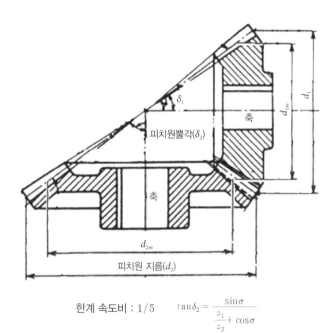

한계 속도비 : $1/5$ $\qquad \tan\delta_2 = \dfrac{\sin\sigma}{\dfrac{z_1}{z_2} + \cos\sigma}$

그림 6 베벨 기어의 맞물림

⚙️ 힘 계산

기어 1의 피치원 지름은 $17 \times 4 = 68$mm이며 토크는 36.7Nm이므로, 기어 1의 이에 걸리는 힘 F_t는 다음과 같이 구한다.

$$F_t = \frac{2\,T(N\cdot mm)}{d(mm)} = \frac{2\times 36700(N\cdot mm)}{68(mm)} = 1079.4N$$

같은 방식으로 기어 3과 기어 5에 걸리는 힘을 구해 표 10에 정리하였다.

■ 표 10 각 기어에 걸리는 힘

선택 1				선택 2			
부품	비틀림 모멘트(Nm)	피치원 지름 (mm)	F_n(N)	부품	비틀림 모멘트(Nm)	피치원 지름 (mm)	F_n(N)
기어 1	36.7	68	1079	기어 1	67.3	68	1979
기어 3	183.6	76	9663	기어 3	269	84	6405
기어 5	808	100	16160	기어 5	1077	108	19944

⑥ 이 폭 계산

기어 이의 굽힘 강도와 면압 강도(치면 강도) 계산을 통하여 이 폭 b를 구한다.

(1) 굽힘 강도 계산

이에 걸리는 원주력 F_t는 이가 허용하는 허용 원주력 F_{ta}보다 작아야 하며 허용 원주력 F_{ta}는 아래 식으로 구할 수 있다.

$$F_t \leq F_{ta}$$

$$F_{ta} = \sigma_a \frac{m \cdot b}{Y_F Y_\varepsilon Y_\beta} \left(\frac{K_L K_{FX}}{K_V K_O} \right) \frac{1}{S_F}$$

여기서는 아래와 같이 예를 들어 정리해 본다.

⚙ 굽힘 강도 계산 ···

기어의 사양은 $m = 4$, $Z_1 = 20$, $Z_2 = 50$, 기어의 재료는 SM15CK로 하고, 표면 경화처리는 침탄 경화처리하는 것으로 가정한다.

- 재료의 허용 굽힘 응력 : $\sigma_a = 178$MPa
- 치형 계수 : $Y_F = 2.8$
- 하중 분포 계수 : $Y_\varepsilon = \dfrac{1}{\varepsilon_a} = \dfrac{1}{1.656}$
- 비틀림각 계수 : $Y_\beta = 1$
- 수명 계수 : $K_L = 1.0$

    20개 × 800rpm × 10hrs × 250days × 5yrs = 2 = 10^8회

    $K_{FX} = 1.0$

- 동하중 계수 : $K_V = 1.3$

  > 원주 속도 $80 \times 800\text{rpm} = 1.067\text{m}/\text{s}$
  >
  > 치형 비수정 4급 기어

- 과부하 계수 : $K_O = 1.0$

- 안전율 : $S_F = 1.2$

위의 계수들을 입력하여 정리하면 허용 원주력은 다음 식으로 정리된다.

$$F_{ta} = 178N/mm^2 \frac{4 \times b \times 1.656}{2.8 \times 1} \times \frac{1 \times 1}{1.3 \times 1} \times \frac{1}{1.2} = 270b\,(N)$$

$$b : \text{기어의 이 폭(mm)}$$

이 식을 활용하여 안전 계수를 2로 하고 기어 1의 이 폭을 계산하면 다음과 같다.

$$F_t \leq F_{ta} = 270b$$

$$2 \times 1079 \leq 270b$$

$$b \geq \frac{2 \times 1079}{270} = 7.99$$

따라서 이의 폭 b는 8mm 이상이어야 한다.

같은 방식으로 나머지 기어들을 정리하면 표 11과 같다.

▌표 11 기어의 이 폭

	선택 1			선택 2	
부품	F_n(N)	이 폭(mm)	부품	F_n(N)	이 폭(mm)
기어 1	1079	8	기어 1	1979	14.6
기어 3	9663	71.6	기어 3	6405	47.4
기어 5	16160	120	기어 5	19944	147.8

(2) 치면 강도 계산

이에 걸리는 원주력은 치면에 작용하는 압력과 같다. 따라서 치면의 허용 면압은 원주력에 의해 치면에 걸리는 면압보다 크게 설계되지 않으면 안 된다.

$$F_t \leq F_{tlim}$$

치면의 허용 면압은 다음 식으로 구해진다.

$$F_{tlim} = \sigma_{Hlim}^2 \cdot d_{o1}b_H \frac{i}{i \pm 1} \left(\frac{K_{HL}Z_L Z_R Z_V Z_W K_{HX}}{Z_H Z_M Z_\varepsilon Z_\beta} \right) \frac{1}{K_{H\beta}K_V K_O} \cdot \frac{1}{S_H^2}$$

⚙ 치면 강도 계산

치면 강도도 굽힘 강도에서 가정한 기어를 기준으로 계산해 보면 다음과 같다.

- 허용 헤르츠 응력 : $\sigma_{Hlim} = 1,107\text{MPa}$

- 영역 계수 : $Z_H = \dfrac{1}{\cos20°} \sqrt{\dfrac{\cos0°}{\tan20°}} = 2.4947$

- 재료 정수 계수 : $Z_M = \sqrt{\dfrac{1}{\pi\left(\dfrac{1-v_1^2}{E_1} + \dfrac{1-v_2^2}{E_2}\right)}} = 190.8$

- 맞물림 계수 : $Z_\varepsilon = 1$, $Z_\beta = 1$, $K_{HL} = 1$, $Z_L = 1$
- 조도 계수 : $R_{max} = 10\mu\text{m}$라고 하면 $Z_R = 0.92$
- 윤활 속도 계수 : $Z_V = 0.96$
- 경도비 계수 : $Z_W = 1.0$, $K_{HX} = 1.0$, $K_{H\beta} = 1.0$, $K_V = 1.3$, $K_O = 1.0$, $S_H = 1.15$

이를 식에 대입하면 아래와 같이 정리된다.

$$F_{tlim} = 139.7b_H$$

이 식을 활용하여 안전 계수를 1.3으로 하고 기어 1의 이 폭을 계산해 보면 다음과 같다.

$$1.3 \times 1079 \leq 139.7b_H$$

따라서 b_H는 10.04mm 이상이어야 한다.

같은 방식으로 나머지 기어들을 정리하면 표 12와 같다.

▌표 12 기어의 이 폭

선택 1			선택 2		
부품	F_t(N)	이 폭(mm)	부품	F_t(N)	이 폭(mm)
기어 1	1079	10	기어 1	1979	18.4
기어 3	9663	89.7	기어 3	6405	59.5
기어 5	16160	150	기어 5	19944	185.2

한편 기어의 이 폭은 이끼리의 맞물림을 적절하게 유지하기 위해 다음과 같은 조건을 만족시키는 것이 바람직하다.

설계 TIP

폭 제약조건

- $b = 10 \sim 20m$: 정밀 가공 기어
- $b \leq 10m$: 일반 가공 기어

  m : 기어의 모듈

위에서 구한 b와 b_H, 재료의 σ_a와 σ_{Hlim}, 이 기준을 고려하여 모듈 m, 이의 폭 b 및 재료 종류와 열처리 종류 등을 종합적으로 고려하여 조정한다.

여기서는 편의상 정밀 가공 기어를 기준으로 모듈과 이의 폭만 조정하여 표 13, 14와 같이 정하였다.

표 13 이 폭의 조정 전후

	선택 1							
	조정 전				조정 후			
부품	피치원 지름(mm)	잇수	모듈	이 폭(mm)	모듈	이 폭(mm)	잇수	피치원 지름(mm)
기어 1	68	17	4	10	4	40	17	68
기어 3	76	19	4	89.7	5	72	17	85
기어 5	100	25	4	150	6	100	17	102

표 14 이 폭의 조정 전후

	선택 2							
	조정 전				조정 후			
부품	피치원 지름(mm)	잇수	모듈	이 폭(mm)	모듈	이 폭(mm)	잇수	피치원 지름(mm)
기어 1	68	17	4	18.4	4	40	17	68
기어 3	84	21	4	59.5	4	60	21	84
기어 5	108	27	4	185.2	6	124	18	108

> **설계 TIP**
>
> 한 쌍의 기어 잇수는 두 기어의 특정 이끼리 만나는 횟수를 줄일 수 있도록 최소공배수를 크게 만드는 것
> (또는 공약수가 없게)이 좋다. 두 기어의 특정 이가 자주 만나면 이상 마모가 발생할 가능성이 커진다.

이 점을 고려하여 기어의 잇수를 재조정한다.

▌표 15   기어의 잇수

	선택 1				선택 2		
부품	잇수	조정 잇수	조정 감속비	부품	잇수	조정 잇수	조정 감속비
기어 1	17		1/5.059	기어 1	17		1/4.059
기어 2	85	86		기어 2	68	69	
기어 3	17		1/4.4	기어 3	21		1/4.048
기어 4	75	75		기어 4	84	85	
기어 5	17		1/3.94	기어 5	18		1/3.06
기어 6	68	67		기어 6	54	55	

７ 키 길이 계산

키(key)의 길이는 전단 파괴와 압축 파괴가 일어나지 않도록 설계되어야 하며, 재료는 SM45C QT 처리재로 한다.

이 재료의 허용 압축 응력은 172.5MPa, 허용 전단 응력은 138MPa이다.

(1) 허용 전단 응력

- $F_t \leq F_{ta}$
- $F_{ta} = \sigma_{ta} \times b \times l$

(2) 허용 압축 응력

- $F_t \leq F_{ca}$
- $F_{ca} = \sigma_{ca} \times l \times \dfrac{h}{2}$

⚙️ **키 길이 계산** ···

선택 1의 기어 1에 쓰이는 키의 길이는 안전 계수를 2로 하면 다음과 같이 구한다.

- 키에 걸리는 원주력 : $F_t = \dfrac{2 \times 36700}{32.1} = 2287N$

- 전단에 의한 계산 : $l = \dfrac{F_t}{\sigma_{ta} \times b} = \dfrac{2287}{138 \times 10} = 1.66\text{mm}$

- 압축에 의한 계산 : $l = \dfrac{2F_t}{\sigma_{ca} \times h} = \dfrac{2 \times 2287}{172.5 \times 8} = 3.31\text{mm}$

···

나머지 키의 길이도 같은 방식으로 구하여 정리하면 표 16, 17과 같다.

▌ 표 16 키 길이

선택 1					
부품	키 호칭(b×h)	원주력(N)×2	전단 계산	압축 계산	확정 길이
축 1	10 × 8	2287	1.66	3.31	15
축 2	14 × 9	2 × 183600/47.9 = 7666	3.97	9.88	21
축 3	20 × 12	2 × 808000/69.4 = 23285	8.44	22.5	30
축 4	28 × 16	2 × 3232000/98.2 = 65825	17.04	47.7	48

▌ 표 17 키 길이

선택 2					
부품	키 호칭(b×h)	원주력(N)×2	전단 계산	압축 계산	확정 길이
축 1	12 × 8	2 × 67300/37.3 = 3609	2.18	5.23	18
축 2	16 × 10	2 × 269000/52.7 = 10209	4.62	11.84	24
축 3	22 × 14	2 × 1077000/74.6 = 28874	9.51	23.9	33
축 4	28 × 16	2 × 3232000/98.2 = 65825	17.04	47.7	48

키의 길이가 키 폭에 비해 작으면 조립 후 다음 그림의 틈새 때문에 회전 시 끄덕거림이 생길 수 있다. 이를 방지하기 위해 키의 길이를 1.5b보다 크게 할 필요가 있다. b는 키의 폭이다.

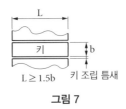

그림 7

이를 고려하여 표 16, 17에 확정 키 길이를 정했다.

한편 키의 길이가 기어의 폭보다 긴 경우에는 아래 그림의 A 방식과 같이 해결한다.

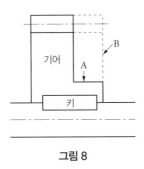

그림 8

여기서 주의해야 할 것은 키의 길이 L을 키의 전체 길이로 오해하는 일이 많은데, 키 길이 L은 아래 그림의 L을 의미한다.

그림 9

8 축의 1차 조립도 작성

회전축의 구성요소를 간단히 그리면 그림 10과 같다.

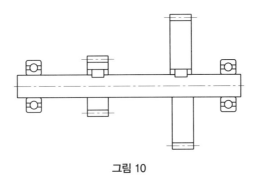

그림 10

다음 이 구성요소들을 축에 고정하기 위한 구조를 감안하여 조금 더 구체적으로 설계하면 그림 11이 된다. 구성요소의 고정을 위해서는 축의 한쪽에 턱을 만들어 구성요소를 대고 다른 쪽을 로크 너트로 고정시킨다.

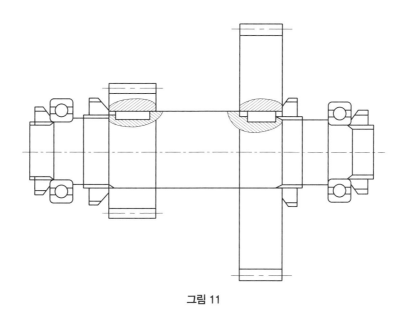

그림 11

지금까지 구한 기어의 폭, 키의 길이와 축의 기준 지름을 기준으로 하여 베어링과 로크 너트의 폭, 조립 및 분해를 위한 여유 공간 등을 고려하여 축의 길이를 적절히 추정할 수 있다.

길이 추정 방법

- 축의 길이 = 기어 2개의 폭 + 로크 너트 폭 × 4 + 베어링 + 폭 × 2 + 손이 들어갈 공간
- 기어가 2개 조립되는 축 3에 대해 추정해 보면 축의 길이는 $L = 72 + 100 + 15 \times 4 + 20 \times 2 + 200 = 472 \approx 480\text{mm}$ 정도로 볼 수 있다.

🉐 모터의 종류 및 필요 동력 임시 결정

이제 주요 부품인 기어와 축의 대략적인 크기가 결정되었으므로 풀리의 관성 모멘트와 모터의 자체 관성 모멘트를 제외한 시스템 전체의 '모터 축 환산 관성 모멘트'를 구해(베어링과 로크 너트의 크기는 비교적 작은 편이므로 무시한다) 필요한 모터의 임시 동력을 구한다. '모터 축 환산 관성 모멘트'란 롤러를 포함하여 각 축의 구성요소의 관성이 모터 축에 미치는 영향을 감속비를 고려하여 환산한 모멘트를 말한다.

시스템의 모터 축 환산 관성 모멘트는 다음 식으로 구할 수 있다.

$$J_{TM} = J_M + J_1 \times \left(\frac{n_1}{n_M}\right)^2 + J_2 \times \left(\frac{n_2}{n_M}\right)^2 + J_3 \times \left(\frac{n_3}{n_M}\right)^2 + J_4 \times \left(\frac{n_4}{n_M}\right)^2$$

J_M : 모터 축의 관성 모멘트

$J_1 - J_4$: 1-4 축의 관성 모멘트

n_M : 모터 회전수

$n_1 - n_4$: 1-4 축의 회전수

이를 기준으로 풀리와 모터를 제외한 시스템 전체를 가속하는 데 필요한 전체 가속 토크를 다음 식으로 구한다.

$$T_{TM} = J_{TM} \times \frac{2\pi n}{60t}(N \cdot m)$$

가속하기 위해 필요한 모터의 전동 동력을 다음 식으로 구한다.

$$P(W) = T_{TM}\frac{2\pi n}{60} \quad (\text{HP : horse power, PS : Pferde Starke})$$

⚙️⚙️ 모터 임시 출력 계산 ···

위의 과정대로 과제 1에 대한 계산을 진행하여 보자.

SI 단위계에서 축의 질량 관성 모멘트 J에 대한 식은 $J = \frac{1}{8}mD^2$ 식으로 구하며, 기어의 경우 가운데 축이 들어가 있기 때문에 $J = \frac{1}{8}m(D^2 + d^2)$ 식으로 계산한다.

이때 재질은 모두 강의 밀도($\rho = 7860\text{kg}/\text{m}^3$)로 한다.

이와 같이 하여 선택 1에 대한 각 축의 관성 모멘트를 구하여 표 18에 정리하였다.

위의 식에 의하여 실질적으로 모터에 작용하는 질량 관성 모멘트 J_{TM}은 다음과 같다.

$$J_{TM} = J_L\left(\frac{n_L}{n_M}\right)^2 + J_4\left(\frac{n_4}{n_M}\right)^2 + J_3\left(\frac{n_3}{n_M}\right)^2 + J_2\left(\frac{n_2}{n_M}\right)^2 + J_1\left(\frac{n_1}{n_M}\right)^2 + J_M$$

n_L : 부하, 즉 롤러의 회전수

$$J_{TM} = 1.543\left(\frac{10}{1750}\right)^2 + 1.56\left(\frac{10}{1750}\right)^2 + 0.66\left(\frac{50}{1750}\right)^2 + 0.005\left(\frac{175}{1750}\right)^2 + 0.000125\left(\frac{875}{1750}\right)^2 + J_M$$

위 식에서 $1,543\left(\frac{10}{1750}\right)^2$ 이후의 값은 매우 작으므로 무시하면

$$J_{TM} \approx J_L = 1{,}543\left(\frac{10}{1750}\right)^2 = 0.05\text{kg} \cdot \text{m}^2\text{로 된다.}$$

▌표 18 각 축의 모터 축 환산 관성 모멘트

				축의 질량 관성 모멘트 계산				
축	설치할 축 직경	축의 질량 관성 모멘트 $J(\text{kg} \cdot \text{m}^2)$	기어	피치원 직경 (mm)	기어 내부 직경 (mm)	기어의 질량 관성 모멘트 $J(\text{kg} \cdot \text{m}^2)$	모터 축 환산 관성 모멘트의 합 $(\text{kg} \cdot \text{m}^2)$
축 1	33	3.64×10^{-4}	기어 1	68	33	9.35×10^{-5}	1.14×10^{-4}
축 2	48	1.64×10^{-4}	기어 2	344	48	6.48×10^{-2}	6.5×10^{-4}
			기어 3	76	48	3×10^{-4}	
축 3	66	5.72×10^{-4}	기어 4	268	66	5.51×10^{-2}	3.24×10^{-5}
			기어 5	96	66	1.88×10^{-3}	
축 4	98	2.85×10^{-4}	기어 6	484	98	1.56	5.09×10^{-5}
			롤러			$1{,}543$	0.0504

모터에 작용하는 토크 T는 다음 식으로 구한다.

$$T = J \times \frac{2\pi n}{60t} = 0.05 \times \frac{2\pi n \times 1750}{60 \times 0.5} = 18.33(\text{N} \cdot \text{m})$$

$n = $ 회전수(rpm)

$J = $ 관성 모멘트$(\text{kg} \cdot \text{m}^2)$

$t = $ 가속 시간(s)

이것을 기준으로 모터에 필요한 전동 동력을 구하면 동력 $P = T\omega = T_{TM} \times \frac{2\pi n}{60} = 3400\text{W}$로 된다.

한편 실제 설계 시 필요한 설계 동력은 사용 조건, 환경 및 구조 등에 따라 이를 감안하여 정하는데 다음과 같다.

⚙️ 설계 동력 계산

• 설계 동력(Pd) = 과부하 계수(Ks) × 전동 동력(Pt)

과부하 계수(Ks) = $Ko + Ki + Ke$

(1) 부하 보정 계수(Ko)

▌ 표 19   부하 보정 계수

사용 기계	최대 출력이 정격 출력의 300% 이하			300% 초과		
	교류 전동기, 분권형 직류 전동기, 2기통 이상 엔진			고토크 특수 모터, 직권형 직류 전동기, 단기통 엔진, 클러치에 의한 운전		
	운전 시간/일			운전 시간/일		
	단속 사용	보통 사용	연속 사용	단속 사용	보통 사용	연속 사용
	3~5시간	8~10	16~24	3~5	8~10	16~24
부하 변동 매우 적음	1.0	1.1	1.2	1.1	1.2	1.3
부하 변동 적음	1.1	1.2	1.3	1.2	1.3	1.4
부하 변동 보통	1.2	1.3	1.4	1.4	1.5	1.6
부하 변동 큼	1.3	1.4	1.5	1.5	1.6	1.8

• 부하 변동 매우 적음 : 유체 교반기, 송풍기(7.5kW 이하), 원심 펌프, 원심 압축기, 경하중 컨베이어
• 부하 변동 적음 : 모래 곡물용 벨트 컨베이어, 송풍기(7.5kW 초과), 대형 세탁기, 공작기계, 발전기. 펀치 프레스, 전단기, 인쇄기계, 회전 펌프
• 부하 변동 보통 : 버켓 엘리베이터, 피스톤 컴프레서, 버켓 스크루 컨베이어, 해머 밀, 제지용 밀, 루츠 블로워, 분쇄기, 목공기계, 섬유기계
• 부하 변동 큼 : 크러셔 밀, 호이스트, 고무 가공기(롤, 압축기)

(2) 아이들러 보정 계수(Ki)

▌ 표 20   아이들러 보정 계수

아이들 풀리 사용 위치	보정 계수
벨트 안쪽 이완 측에 사용	0.0
벨트 바깥쪽 이완 측에 사용	0.1
벨트 안쪽 긴장 측에 사용	0.1
벨트 바깥쪽 긴장 측에 사용	0.2

(3) 환경 보정 계수(Ke)

다음과 같은 조건인 경우 0.2로 한다.

• 기동 정지 횟수가 많다.
• 보수 점검이 어렵다.

- 분진 등이 많아 마찰을 일으키기 쉽다.
- 열이 있는 곳에서 사용한다.
- 유류나 물 등의 안개가 있다.

과부하 보정 계수를 1.1, 아이들러 보정 계수를 0, 환경 보정 계수를 0.2로 하면 설계 동력은 1.3 × 3.4kW = 4.42kW로 된다.

이렇게 구한 설계 동력을 기준으로 모터 제조업체의 카탈로그를 보고 모터의 형식을 정한다.

모터의 형식이 정해지면 모터의 자체 관성 모멘트를 알 수 있게 된다.

모터 자체 관성 모멘트는 부하의 관성 모멘트가 큰 경우는 무시할 수 있으나 부하의 관성 모멘트가 작으면서 가속 시간이 짧은 경우에는 매우 중요하게 된다. 표 21은 4극 AC 모터의 자체 관성 모멘트의 KS 표준이다.

▌표 21 4극 AC 모터의 자체 관성 모멘트(KS 표준)

출력(kW)	2.2	3.7	5.5	7.5	11	15	18.5	22	30
$J(kgm \cdot m^2)$	0.01	0.0125	0.03	0.03	0.0625	0.085	0.1175	0.1425	0.1675
$GD^2(kgf \cdot m^2)$	0.04	0.05	0.12	0.12	0.25	0.34	0.47	0.57	0.67

⑩ V 벨트 형식과 풀리 크기 결정

결정된 모터의 임시 설계 동력과 회전수를 기준으로 벨트 형식과 가닥수를 결정한다.

작은 풀리 회전수	설계 동력(kW)
1750rpm	4.42

(1) 벨트 형식의 선정

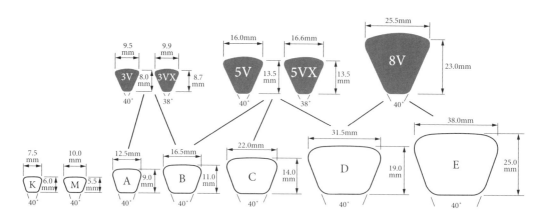

그림 12   벨트 형식의 종류

벨트 형식은 임시 설계 동력과 작은 풀리의 회전수를 기준으로 그림 13에서 선정한다.

세로 축에서 작은 풀리의 회전수 1750rpm에서 가로로 선을 긋고, 가로 축에서 동력 4.42kW에서 위로 선을 그으면 만나는 점이 'A' 영역에 있으므로 A형 벨트를 선정한다.

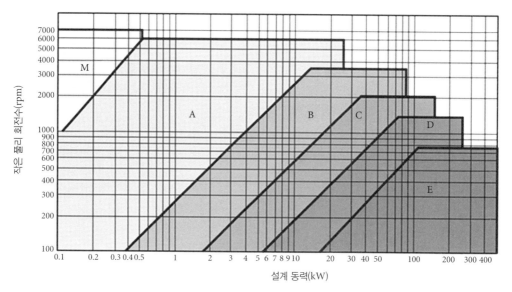

그림 13   벨트의 설계 동력

(2) 벨트 가닥수의 계산

벨트는 형식에 따라 표 22와 같이 1가닥마다의 전동 동력이 정해져 있다(V 벨트 제조업체의 카탈로그 참조).

┃ 표 22   벨트 기준 전동 용량표 : A형

작은 풀리 회전수 (rpm)	기준 전동 용량표(P_s)															회전비에 따른 부가 용량(P_a)			
	작은 풀리 기준 피치원 지름(d_p : mm)															회전비			
	71	75	80	90	95	100	106	112	118	125	132	140	150	160	180	1.01 to 1.05	1.06 to 1.26	1.27 to 1.57	1.57<
700	0.51	0.61	0.73	0.96	1.08	1.20	1.34	1.48	1.62	1.78	1.94	2.12	2.34	2.56	3.00	0.01	0.08	0.12	0.15
950	0.62	0.75	0.91	1.22	1.37	1.53	1.71	1.89	2.07	2.28	2.49	2.72	3.02	3.30	3.87	0.02	0.11	0.16	0.20
1450	0.80	0.98	1.21	1.66	1.89	2.11	2.37	2.63	2.89	3.18	3.48	3.81	4.22	4.62	5.40	0.03	0.18	0.25	0.31
2850	1.04	1.36	1.75	2.52	2.90	3.27	3.70	4.12	4.53	4.99	5.44	5.93	6.51	7.06	8.04	0.05	0.34	0.49	0.60
100	0.12	0.13	0.16	0.20	0.22	0.24	0.26	0.28	0.31	0.33	0.36	0.39	0.43	0.47	0.55	0.00	0.01	0.02	0.02
200	0.20	0.24	0.27	0.35	0.39	0.43	0.47	0.52	0.56	0.61	0.66	0.72	0.80	0.87	1.01	0.00	0.02	0.03	0.04
300	0.28	0.32	0.38	0.49	0.54	0.60	0.66	0.73	0.79	0.87	0.94	1.03	1.13	1.24	1.45	0.01	0.04	0.05	0.06
400	0.34	0.40	0.47	0.62	0.69	0.76	0.85	0.93	1.01	1.11	1.21	1.32	1.45	1.59	1.86	0.01	0.05	0.07	0.08
500	0.40	0.48	0.56	0.74	0.83	0.91	1.02	1.12	1.22	1.34	1.46	1.59	1.76	1.93	2.25	0.01	0.06	0.09	0.11
600	0.46	0.54	0.65	0.86	0.96	1.06	1.18	1.30	1.42	1.56	1.70	1.86	2.06	2.25	2.63	0.01	0.07	0.10	0.13
700	0.51	0.61	0.73	0.96	1.08	1.20	1.34	1.48	1.62	1.78	1.94	2.12	2.34	2.56	3.00	0.01	0.08	0.12	0.15
800	0.56	0.67	0.80	1.07	1.20	1.33	1.49	1.65	1.80	1.98	2.16	2.37	2.62	2.87	3.36	0.01	0.10	0.14	0.17
900	0.60	0.72	0.87	1.17	1.32	1.46	1.64	1.81	1.99	2.18	2.38	2.61	2.88	3.16	3.70	0.02	0.11	0.15	0.19
1000	0.64	0.78	0.94	1.27	1.43	1.59	1.78	1.97	2.16	2.38	2.60	2.84	3.14	3.44	4.03	0.02	0.12	0.17	0.21
1100	0.68	0.83	1.01	1.36	1.54	1.71	1.92	2.13	2.33	2.57	2.80	3.07	3.40	3.72	4.36	0.02	0.13	0.19	0.23
1200	0.72	0.87	1.07	1.45	1.64	1.83	2.05	2.28	2.50	2.75	3.00	3.29	3.64	3.99	4.67	0.02	0.15	0.21	0.25
1300	0.75	0.92	1.13	1.54	1.74	1.94	2.18	2.42	2.66	2.93	3.20	3.50	3.88	4.25	4.97	0.02	0.16	0.22	0.27
1400	0.78	0.96	1.19	1.62	1.84	2.05	2.31	2.56	2.81	3.10	3.39	3.71	4.11	4.50	5.26	0.03	0.17	0.24	0.30
1500	0.81	1.00	1.24	1.70	1.93	2.16	2.43	2.70	2.96	3.27	3.57	3.91	4.33	4.74	5.54	0.03	0.18	0.26	0.32
1600	0.84	1.04	1.29	1.78	2.02	2.26	2.55	2.83	3.11	3.43	3.75	4.10	4.54	4.97	5.80	0.03	0.19	0.27	0.34
1700	0.87	1.08	1.34	1.86	2.11	2.36	2.66	2.96	3.25	3.59	3.92	4.29	4.75	5.19	6.06	0.03	0.21	0.29	0.36
1800	0.89	1.11	1.39	1.93	2.20	2.46	2.77	3.08	3.39	3.74	4.08	4.47	4.95	5.41	6.30	0.03	0.22	0.31	0.38
1900	0.91	1.15	1.43	2.00	2.28	2.55	2.88	3.20	3.52	3.88	4.24	4.64	5.14	5.61	6.53	0.04	0.23	0.33	0.40
2000	0.93	1.18	1.48	2.07	2.36	2.64	2.98	3.32	3.64	4.02	4.39	4.81	5.32	5.81	6.75	0.04	0.24	0.34	0.42

벨트 1가닥의 전동 용량(P_c)은 작은 풀리의 회전수, 직경에 따라 달라지며, 회전비 및 작은 풀리의 접촉 각도에 따라 다음 식과 같이 보정된다.

$$Pc = (Ps + Pa) \times Kc$$

Ps : 벨트 기준 전동 용량

Pa : 회전비에 따른 부가 전동 용량

Kc : 전동 용량 보정 계수 $Kc = K\theta \times Kl$

┃ 표 23   접촉각 보정 계수($K\theta$)

$(D-d)/C$	작은 풀리의 접촉 각도(도)	보정 계수
0.0	180	1.00
0.1	174	0.99
0.2	169	0.97
0.3	163	0.96
0.4	157	0.94
0.5	151	0.93
0.6	145	0.91

(계속)

(D−d)/C	작은 풀리의 접촉 각도(도)	보정 계수
0.7	139	0.89
0.8	133	0.87
0.9	127	0.85
1.0	120	0.82
1.1	113	0.80
1.2	106	0.77
1.3	99	0.73
1.4	91	0.70
1.5	83	0.65

D : 큰 풀리 유효 직경

d : 작은 풀리 유효 직경

C : 축간 거리

표 24 길이 보정 계수(Kl)

호칭 번호	벨트 길이(mm)	A형	B형	C형	D형	E형
11−15	279−381	0.77	0.76			
16−19	406−483	0.78	0.77			
20−25	508−610	0.80	0.78			
26−30	660−762	0.81	0.79			
31−34	787−864	0.84	0.80			
35−37	889−940	0.87	0.81			
38−41	965−1041	0.88	0.83			
42−45	1067−1143	0.90	0.85	0.78		
46−50	1168−1270	0.92	0.87	0.79		
51−54	1295−1372	0.94	0.89	0.80		
55−59	1397−1499	0.96	0.90	0.81		
60−67	1524−1702	0.98	0.92	0.82		
68−74	1727−1880	1.00	0.95	0.85		
75−79	1905−2007	1.02	0.97	0.87		
80−84	2032−2134	1.04	0.98	0.89		
85−89	2159−2261	1.05	0.99	0.90		
90−95	2286−2413	1.06	1.00	0.91		
96−104	2438−2642	1.08	1.02	0.92	0.83	
105−111	2667−2819	1.10	1.04	0.94	0.84	
112−119	2845−3023	1.11	1.05	0.95	0.85	

호칭 번호	벨트 길이(mm)	A형	B형	C형	D형	E형
120-127	3048-3226	1.13	1.07	0.97	0.86	
128-144	3251-3658	1.14	1.08	0.98	0.87	
145-154	3683-3912	1.15	1.11	1.00	0.90	
155-169	3937-4293	1.16	1.13	1.02	0.92	
170-179	4318-4547	1.17	1.15	1.04	0.93	
180-194	4572-4928			1.05	0.94	0.91
195-209	4953-		1.16	1.07	0.96	0.92
210-239	5334-	1.18	1.18	1.08	0.98	0.94
240-269	6096-		1.19	1.011	1.00	0.96
270-299	6858			1.14	1.03	0.98
300-329	7620-			1.16	1.05	1.01
330-359	8382-			1.19	1.07	1.03
360-389	9144-			1.21	1.09	1.05
390-419	9906-			1.23	1.11	1.07
420-479	10668-			1.24	1.12	1.09
480-539	12192-				1.16	1.12
540-600	13716-				1.18	1.14

다음 표를 참조하여 작은 풀리의 피치원 지름을 결정한다.

표 25 작은 풀리의 직경

	M	A	B	C	D	E
추천 최소 직경	50	95	150	224	355	560
허용 최소 직경	40	67	118	180	300	450
풀리 외경과 피치원 지름의 차이	5.4	9.0	11.0	14.0	19.0	25.4

A형이므로 작은 풀리의 직경은 95mm, 큰 풀리의 직경은 선택 1의 경우는 190mm, 선택 2의 경우는 332.5mm로 된다.

벨트의 개략적인 피치원 길이는 다음 식으로 구한다.

$$L_p' = 2C' + 1.57(D_p + d_p)$$

C' : 잠정 축간 거리

$$L_p' = 2 \times 700 + 1.57(190 + 95) = 1847.45mm$$

이상을 참조하여 보정 전동 용량을 구하면 다음과 같다.

$$Pc = (Ps + Pa) \times Kc$$
$$Pc = (1.4 + 0.22) \times 0.98 \times 1.00 = 1.5876 kW$$

필요한 벨트 가닥수(n)는 설계 동력(Pd) / 벨트의 보정된 전동 용량(Pc)으로 구한다. 전동 용량이 1.5876KW / 가닥, 설계 동력이 4.42KW이므로 최소 3가닥이 필요하다.

폴리의 폭은 벨트 3 가닥이므로 그림 14로부터 폴리 폭 $= e \times 2 + f \times 2 = 50mm$로 된다.

벨트의 종류에 따른 폴리의 크기에 관한 치수는 표준화되어 있으므로 쉽게 찾을 수 있다.

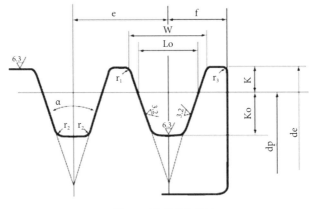

그림 14   풀리 단면 형상

(3) 롤러 체인과 스프로킷의 계산

롤러 체인과 스프로킷도 같은 방법으로 구한다.

• 호칭 번호 : 25, 35, 41, 40, 50, 60, …, 120

롤러 체인의 동력 전달 특징

① 작은 스프로킷의 회전 속도에 따라 다르다.

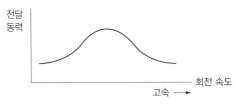

그림 15   롤러 체인의 동력 전달 선도

② 작은 스프로킷의 잇수에 따라 다르다.

체인 호칭 번호에 따라 전동 동력이 정해져 있다(제조 업체 카탈로그 참조).

▌**표 26** RS25-1 동력 전달 능력표(1일 체인의 동력 전달 kW)

잇수	\multicolumn{11}{A} 작은 스프라켓 회전 속도 r/min																								
	50	100	300	500	700	900	1200	1500	1800	2100	2500	3000	3500	4000	4500	5000	5500	6000	6500	7000	7500	8000	8500	9000	10000
9	0.02	0.03	0.08	0.13	0.18	0.23	0.30	0.36	0.43	0.49	0.57	0.67	0.78	0.76	0.64	0.55	0.47	0.41	0.37	0.33	0.30	0.27	0.25	0.23	0.19
10	0.02	0.04	0.10	0.15	0.20	0.26	0.33	0.41	0.48	0.55	0.64	0.76	0.87	0.89	0.75	0.64	0.55	0.49	0.43	0.39	0.35	0.32	0.29	0.26	0.23
11	0.02	0.04	0.11	0.17	0.23	0.28	0.37	0.45	0.53	0.61	0.71	0.84	0.96	1.03	0.86	0.74	0.64	0.56	0.50	0.44	0.40	0.36	0.33	0.30	0.26
12	0.02	0.04	0.12	0.18	0.25	0.31	0.40	0.49	0.58	0.67	0.78	0.92	1.06	1.17	0.98	0.84	0.73	0.64	0.57	0.51	0.46	0.41	0.38	0.35	0.30
13	0.03	0.05	0.13	0.20	0.27	0.34	0.44	0.54	0.64	0.73	0.85	1.00	1.15	1.30	1.11	0.95	0.82	0.72	0.64	0.57	0.52	0.47	0.43	0.39	0.33
14	0.03	0.05	0.14	0.22	0.29	0.37	0.48	0.58	0.69	0.79	0.92	1.09	1.25	1.41	1.24	1.06	0.92	0.80	0.71	0.64	0.58	0.52	0.48	0.44	0.37
15	0.03	0.05	0.15	0.23	0.32	0.40	0.51	0.63	0.74	0.85	0.99	1.17	1.35	1.52	1.37	1.17	1.02	0.89	0.79	0.71	0.64	0.58	0.53	0.49	0.41
16	0.03	0.06	0.16	0.25	0.34	0.43	0.55	0.67	0.79	0.91	1.07	1.26	1.44	1.63	1.51	1.29	1.12	0.98	0.87	0.78	0.70	0.64	0.58	0.54	0.46
17	0.03	0.06	0.17	0.27	0.36	0.45	0.59	0.72	0.85	0.97	1.14	1.34	1.54	1.74	1.66	1.42	1.23	1.08	0.95	0.85	0.77	0.70	0.64	0.59	0.50
18	0.04	0.07	0.18	0.28	0.39	0.48	0.63	0.76	0.90	1.04	1.21	1.43	1.64	1.85	1.81	1.54	1.34	1.17	1.04	0.93	0.84	0.76	0.70	0.64	0.55
19	0.04	0.07	0.19	0.30	0.41	0.51	0.66	0.81	0.96	1.10	1.28	1.51	1.74	1.96	1.96	1.67	1.45	1.27	1.13	1.01	0.91	0.83	0.75	0.69	0.59
20	0.04	0.07	0.20	0.32	0.43	0.54	0.70	0.86	1.01	1.16	1.36	1.60	1.84	2.07	2.11	1.81	1.57	1.37	1.22	1.09	0.98	0.89	0.81	0.75	0.64
21	0.04	0.08	0.21	0.34	0.45	0.57	0.74	0.90	1.06	1.22	1.43	1.69	1.94	2.18	2.28	1.94	1.68	1.48	1.31	1.17	1.06	0.96	0.88	0.80	0.69
22	0.04	0.08	0.22	0.35	0.48	0.60	0.78	0.95	1.12	1.29	1.50	1.77	2.04	2.30	2.44	2.08	1.81	1.58	1.41	1.26	1.13	1.03	0.94	0.86	0.74
23	0.05	0.09	0.23	0.37	0.50	0.63	0.82	1.00	1.17	1.35	1.58	1.86	2.14	2.41	2.61	2.23	1.93	1.69	1.50	1.34	1.21	1.10	1.00	0.92	0.79
24	0.05	0.09	0.25	0.39	0.53	0.66	0.85	1.04	1.23	1.41	1.65	1.95	2.24	2.52	2.78	2.37	2.06	1.81	1.60	1.43	1.29	1.17	1.07	0.98	0.84
25	0.05	0.10	0.26	0.41	0.55	0.69	0.89	1.09	1.28	1.48	1.73	2.03	2.34	2.64	2.93	2.52	2.19	1.92	1.70	1.52	1.37	1.25	1.14	1.04	0.89
26	0.05	0.10	0.27	0.42	0.57	0.72	0.93	1.14	1.34	1.54	1.80	2.12	2.44	2.75	3.06	2.68	2.32	2.04	1.81	1.62	1.46	1.32	1.21	1.11	0.95
28	0.06	0.11	0.29	0.46	0.62	0.78	1.01	1.23	1.45	1.67	1.95	2.30	2.64	2.98	3.31	2.99	2.59	2.28	2.02	1.81	1.63	1.48	1.35	1.24	1.06
30	0.06	0.12	0.31	0.49	0.67	0.84	1.09	1.33	1.56	1.80	2.10	2.48	2.85	3.21	3.57	3.32	2.88	2.52	2.24	2.00	1.81	1.64	1.50	1.37	1.17
32	0.07	0.12	0.33	0.53	0.72	0.90	1.16	1.42	1.68	1.93	2.25	2.66	3.05	3.44	3.83	3.65	3.17	2.78	2.47	2.21	1.99	1.81	1.65	1.51	1.29
35	0.07	0.14	0.37	0.58	0.79	0.99	1.28	1.57	1.85	2.12	2.48	2.93	3.36	3.79	4.21	4.18	3.62	3.18	2.82	2.52	2.28	2.07	1.89	1.73	1.48
40	0.08	0.16	0.43	0.67	0.91	1.14	1.48	1.81	2.13	2.45	2.87	3.38	3.88	4.38	4.87	5.11	4.43	3.89	3.45	3.08	2.78	2.52	2.30	2.11	1.81
45	0.10	0.18	0.48	0.77	1.04	1.30	1.68	2.06	2.42	2.78	3.26	3.84	4.41	4.97	5.53	6.08	5.28	4.64	4.11	3.68	3.32	3.01	2.75	2.52	2.15

(좌측 구간 A, 우측 구간 B, 우측 끝 C)

설계 TIP

스프로킷의 잇수 제한 및 이유

- 최소 : 13개 – Vmax와 Vmin의 차이에 의한 충격이 잇수가 적을수록 커짐
- 최대 : 113개 – 잇수가 너무 많으면 끼워지는 체인과의 피치 오차 누적에 의한 끼임 발생함

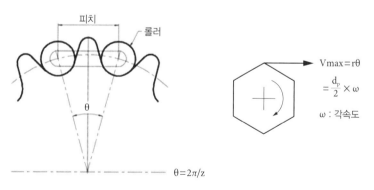

피치   롤러

θ

$\theta = 2\pi/z$

$Vmax = r\theta$

$= \dfrac{d_p}{2} \times \omega$

ω : 각속도

그림 16 체인과 스프라킷의 맞물림

위 그림에서 $Vmin = Vmax \times \cos(\pi/z)$

⓫ 모터 출력의 보정

설계 동력을 기준으로 구한 큰 풀리, 작은 풀리 및 모터 자체 관성 모멘트를 포함한 보정 총 모터 축 환산 관성 모멘트(J)를 구한다.

$$J = J_{TM} + J_{LP}\left(\frac{n_1}{n_M}\right)^2 + J_{SP} + J_M$$

J_{LP} : 큰 풀리의 관성 모멘트

J_{SP} : 작은 풀리의 관성 모멘트

J_M : 모터의 자체 관성 모멘트

이 J를 기준으로 필요한 모터 토크와 출력을 다시 구한다. 그다음 이 보정 출력과 작은 풀리 회전수를 기준으로 그림 13으로부터 벨트 형식을 다시 선정해 본다. 이때 벨트의 형식이 한 단계 이상 올라가면(예 : A형 → B형) 풀리에 의한 감속비를 줄이거나 작은 풀리의 지름을 추천 지름보다 작게(최소 지름보다는 크게) 바꿔 벨트 형식이 바뀌지 않도록 하는 것이 바람직하다. 두 가지 방안 모두 곤란하면 벨트 형식을 3V, 5V, 8V를 선택한다.

다음 이 보정 출력이 앞에서 선정된 모터 형식의 정격 출력보다 작으면 그대로 사용하고, 크면 한 단계 큰 모터를 다시 선정하되 모터의 자체 관성 모멘트 값을 비교하여 재보정 여부를 판단한다.

⚙ 모터 출력 보정 계산 ⋯⋯⋯⋯⋯⋯⋯⋯⋯⋯⋯⋯⋯⋯⋯⋯⋯⋯⋯⋯⋯⋯⋯⋯⋯⋯

▶ 풀리의 관성 모멘트

- 풀리의 관성 모멘트 $J_p = \frac{1}{2}\mathrm{m}\mathrm{R}^2$ 식을 이용한다.

▌**표 27** 풀리의 관성 모멘트

선택 1			선택 2		
부품	지름(mm)	관성 모멘트 (Kgm · m²)	부품	지름(mm)	관성 모멘트 (Kgm · m²)
작은 풀리	95	0.00314	작은 풀리	95	0.00314
큰 풀리	190	0.05	큰 풀리	332.5	0.47

선택 1에 대해 계산하면 다음과 같다.

$$J = J_{TM} + J_{LP}\left(\frac{n_1}{n_M}\right)^2 + J_{SP} + J_M = 0.5 + 0.05\left(\frac{875}{1750}\right)^2 + 0.00313 + 0.03 = 0.0928$$

$$T_M = (\Sigma J) \times \frac{2\pi n}{60t} = 0.928 \times \frac{2\pi \times 1750}{60 \times 0.5} = 34$$

$$P = T_M \times \frac{2\pi n}{60} = 34 \times \frac{2\pi \times 1750}{60} = 6231(\text{W}) = 6.23(\text{kW})$$

이 값을 이용하여 설계 동력을 다시 구하면 $6.23 \times 1.3 = 8.01\text{kW}$가 나온다.

이 경우 다시 벨트 형식을 선정하면 B형으로 바뀌므로 작은 풀리의 크기를 허용 직경 범위 내에서 줄이든지 벨트 형식을 3V로 변경하여 설계를 다시 진행해야 한다.

선택 2의 경우는 큰 풀리의 관성 모멘트 값이 지나치게 크므로 벨트를 3V형으로 바꿔도 안 되므로 풀리에서의 감속비를 너무 크게 하면 큰 풀리의 관성 모멘트가 지나치게 커지므로 보정이 안 된다는 결론에 이른다. 따라서 풀리 감속비는 일반적으로 1/2을 넘지 않는 것이 바람직하다.

⑫ 굽힘 모멘트 계산에 의한 치수 보정

이제 부품의 크기 및 위치 등이 대략 결정되었으므로 각 축에 걸리는 반경 방향 하중을 구할 수 있다. 이 하중을 기준으로 굽힘 강성 및 강도에 의한 최소 축 지름을 구해 본다.

동력 전달용 축에서는 축의 양 끝에서 베어링이 지지하고 있는 경우 축의 길이가 매우 길지 않으면 굽힘 모멘트에 의한 영향은 비틀림 모멘트에 의한 영향에 비해 적으므로 굽힘 강성 및 강도 계산은 생략해도 좋다. 반면 풀리가 붙어 있는 축인 경우 구조가 외팔보 구조로 되기 때문에 반드시 이를 계산해 보아야 한다.

(1) V 벨트 전동에 의해 축에 걸리는 하중

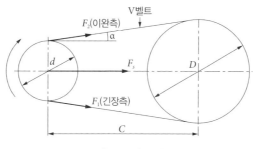

그림 17 벨트 전동

그림 17로부터 축에 걸리는 하중은 $F_s = (F_1 + F_2)cos\alpha$이며, 벨트의 미끄러짐을 방지하기 위해서는 $\dfrac{F_1 - F_2}{F_1 + F_2} \leq 0.6$의 조건을 만족시켜야 하며, 또 $F_1 - F_2 = F_e$(유효 장력)이므로 두 식을 정리하면 벨트

전동 시 축에 걸리는 하중은 $F_s \geq \dfrac{F_e}{0.6}cos\alpha = \dfrac{T}{0.6R}cos\alpha$로 된다.

벨트의 유효 장력 $F_e = \dfrac{T}{R}$이므로

$T = 36{,}700\text{N} \cdot \text{mm}$, $R = 95\text{mm}$, $cos3.88 = 0.9977$을 대입하면

$$F_s \geq \frac{F_e}{0.6}cos\alpha = \frac{36700}{0.6 \times 95} \times 0.9977 = 642N$$이 된다.

한편 체인 전동인 경우는 그림 18과 같다.

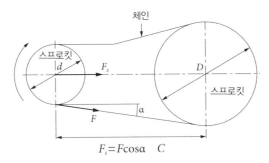

그림 18 체인 전동인 경우

(2) 축1에 걸리는 굽힘 모멘트

베어링 중간부터 풀리 중간까지의 거리를 구조상 120mm 정도로 가정하면 축 1에 걸리는 굽힘 모멘트는 642N × 120mm = 77,040Nmm로 된다.

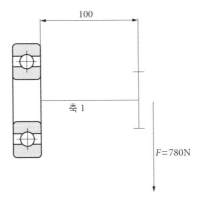

그림 19 풀리 축 개념도

풀리 축의 경우 회전 시 굽힘 모멘트와 비틀림 모멘트가 동시에 걸리는 축으로 보아야 하므로 상당 굽힘 모멘트를 구하여 계산해야 한다.

상당 굽힘 모멘트는 다음 식으로 구한다.

$$M_e = \frac{M + \sqrt{M^2 + T^2}}{2} = \frac{77 + \sqrt{77^2 + 32.7^2}}{2} = 80.3 Nm$$

(3) F_s에 의한 풀리 축과 모터 축의 굽힘 모멘트에 의한 축 지름 계산

① 강도 계산

$$\sigma = \frac{M f_s}{Z} (\mathrm{MPa})$$

$$Z : \text{축 단면 계수} = \frac{\pi d^3}{32}$$

$\sigma \leq \sigma_a$이어야 하므로 축 지름 d는 $d = \sqrt[3]{\dfrac{32 M f_s}{\pi \sigma_a}}$ mm로 구할 수 있다.

- 허용 굽힘 응력 $\sigma = 367\mathrm{Mpa}$은 축의 재료에 대한 특성으로 구할 수 있다.

- $d = \sqrt[3]{\dfrac{32 M f_s}{\pi \sigma_a}}$ 식을 이용하면 축 1의 지름은 $d = \sqrt[3]{\dfrac{32 \times 80300 \times 2}{\pi \times 367}} = 16.5$mm로 된다.

② 강성 계산

반경 방향 하중에 의한 처짐량(mm) δ는 다음 식으로 구할 수 있다.

$$\delta = \frac{F l^3 f_s}{kEI}$$

처짐각(radian) θ는

$$\theta = \frac{\delta}{l} = \frac{F l^2 f_s}{kEI} \text{로 된다.}$$

E : 축 재료의 종탄성 계수(강 : 206GPa)

I : 단면 2차 모멘트 $= \dfrac{\pi d^4}{64}$

k : 축의 지지 방식에 따른 정수

　　고정-자유 : $k = 3$

　　고정-지지 : $k = 91.6$

$$고정 - 고정 : k = 192$$

$$지지 - 지지 : k = 48$$

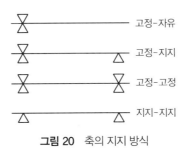

그림 20 축의 지지 방식

일반 기어 전동축인 경우의 θ 허용값은 0.001 래디언이다.

따라서 축 지름 d는 다음 식으로 구할 수 있다.

$$d = \sqrt[4]{\frac{64Fl^2 f_s}{\pi k E \theta}}$$

풀리 축을 포함하여 모든 축에 대해 굽힘 모멘트에 대한 강도와 강성 계산을 실시해야 하지만 다른 축인 경우 비틀림 강도 및 강성 계산에 의한 축 지름보다 일반적으로 작다.

축 1에 대해 강성 기준 계산을 하면 지지 방식은 고정 - 자유이므로 $k = 3$이며, 안전 계수를 1.3으로 하면 $\theta \leq 0.001 (\mathrm{rad})$이고, 지지 방식에 따른 상수 $k = 3$이므로 다음과 같다.

$$d = \sqrt[4]{\frac{64Fl^2 f_s}{\pi k E \theta}} = \sqrt[4]{\frac{64 \times 642 \times 120^2 \times 1.3}{\pi \times 3 \times 206000 \times 0.001}} = 25.09 \mathrm{mm}$$

이 값은 비틀림 강성에 의한 축 지름 값보다 작으므로 이 앞의 설계를 수정할 필요가 없다.

기어 박스의 구조를 보면 축 1이 다른 축보다 오버행(overhang) 때문에 가장 문제가 큰 축이었으나, 그럼에도 불구하고 기존에 구했던 직경이 문제가 없었으므로 다른 곳도 이상이 없다고 볼 수 있다.

만약 이렇게 구한 축의 지름이 비틀림 모멘트로 구한 축의 지름보다 큰 경우 이 값을 기준으로 기어의 크기 및 키의 크기 등을 수정해야 한다.

여기까지 주요 부품의 기본 치수를 정하기 위한 기본 설계를 완료한다.

◎◎ 기본 설계 단계 리뷰 ···

▶ 목적 : 기본 치수 계산

설계 목표 ➡ 부하의 가속 토크 계산 ➡ 비틀림 강도 강성에 의한 축 지름 계산

➡ 축 지름 기준으로 각 축의 작은 기어 최소 피치원 구함 ➡ 모듈을 적정하게 선정

➡ 기어 이의 수 정하기 ➡ 기어 이에 걸리는 힘 계산 ➡ 기어 굽힘 강도 및 치면 강도에 의한 이 너비 구하기

➡ 축 길이 추정 ➡ 풀리 등을 제외한 모든 부하 요소의 모터 축 환산 관성 모멘트 계산 ➡ 모터 동력 계산

➡ 벨트 형식 및 가닥수 결정 ➡ 풀리 지름 결정 ➡ 풀리 등의 모터 축 환산 관성 모멘트 계산

➡ 모터 출력 보정 ➡ 벨트에 의한 축의 굽힘 강성 및 강도 계산 ➡ 축 지름 보정

➡ 기어 잇수 및 비율 최종 조정, 모터 축 지지 구조 결정

···

11~16주차 상세 설계

기본 설계에서 구한 주요 부품의 치수 및 사양을 기본으로 아래와 같은 사항을 고려하여 상세한 구조 및 치수를 확정하는 단계를 상세 설계라 한다.

- 구조 설계 : 필요한 구성 기계요소를 고려(기계 요소 트리 참조)
- 동력 전달을 위해 축에 요구되는 사항을 정확히 파악하여 기본 구조를 설계 : 축의 지지와 고정, 동력 전달 요소의 고정, 윤활 및 밀봉, 기어 박스의 구조 및 형상
- 규격품의 치수를 고려한 설계 : 베어링, O-링, 오일 실, 로크 너트 등
- 가공, 조립, 분해를 고려한 설계 : 재료, 가공 형상 및 공차, 표면 조도, 표면 경화 등 사용 환경을 고려한 설계
- 상세 설계는 1차 조립도 설계 → 2차 조립도 설계 → 부품도 및 부품 리스트 작성 순서로 진행

1 1차 조립도 설계

모든 축에 대해 그림 1과 같이 개략적인 구조 및 치수를 정한다.

① 축에 기어, 풀리/스프로킷, 베어링 등의 단면도상에서 위치 잡기
② 로크 너트로 이들을 축에 고정
③ 축의 가공과 조립을 고려하여 축의 각 부위 치수, 특히 지름 결정 및 로크 너트 사양 결정

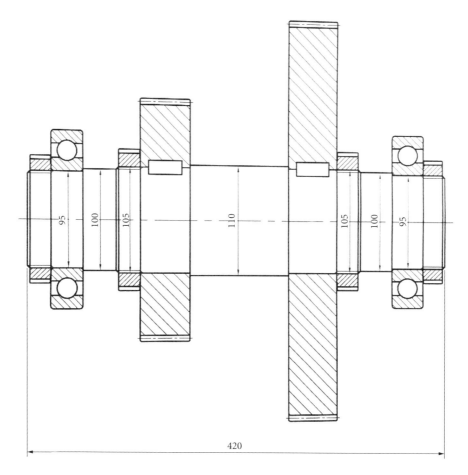

그림 1 축의 개략적인 구조

(1) 베어링의 종류 및 크기 선정 : 수명 계산

① 힘의 방향과 크기 결정(계산)

베어링에 걸리는 래디얼 하중과 액시얼 하중의 비율에 따라 적정한 베어링 형식을 선정한다.

▌표 1 베어링의 종류와 특징

	미끄럼 베어링	구름 베어링
가격	고가	저가
하중	• 중 하중, 충격 하중에 강함 • 하중 변동 시 취약	변동 하중, 기동 시 유리
속도	• 기동 시 취약 • 고속에 유리, 저속 불리	특별한 문제 없음

	미끄럼 베어링	구름 베어링
진동 감쇠	크다	작다
소음	작다	크다
조립 오차	둔감	민감
호환성	없음	양호

과제의 경우 평기어를 사용하므로 깊은 홈 볼(deep groove ball) 베어링을 사용해도 무방하다.

베어링 선정 시 고려 항목

- 내경 기준
- 허용 하중
- 허용 회전수 : 리테이너(retainer) 종류, 윤활 조건, 냉각 조건, 사용 온도
- 회전 정밀도 : 끼워 맞춤 상태, 틈새(clearance), 정밀도 등급
- 틈새 종류 : C2, CN, C3, C4, C5, CM
- 정밀도 등급 : P0, P6, P5, P4, P2
- 강성 : d항 + 예압

② 1차 조립도 설계로부터 베어링의 내경 결정
과제의 축 1의 경우 풀리와 기어 1 사이의 축 지름은 33mm 이상이어야 하므로 개략적인 구조로 볼 때 베어링 내경은 40mm로 추정할 수 있다.

▌ **표 2** 롤링 베어링의 내경 번호와 내경 치수

내경 범위	내경 번호(60xx의 xx)	내경 치수
9mm 이하	1~9	내경 번호가 그대로 내경 치수임
9~17mm 이하	00	10mm
	01	12mm
	02	15mm
	03	17mm
17~480mm	04~96	내경 번호 ×5가 내경 치수임
480mm 초과	/500~/2000	/ 다음의 치수가 그대로 내경 치수임

③ 베어링의 외경 및 조합 결정

베어링에 걸리는 동등가 하중과 평균 회전수를 기준으로 정정격 하중과 수명 계산을 통하여 베어링의
외경 및 단열, 복열, 조합 등을 결정한다. 이때 다른 축과의 간섭 여부를 체크하여 외경을 결정한다.

ⓐ 베어링에 걸리는 하중 계산

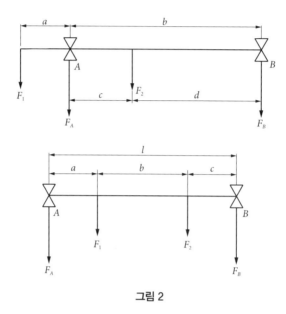

그림 2

$$F_A = \frac{a+b}{b}F_1 + \frac{d}{c+d}F_2 \qquad\qquad F_A = \frac{b+c}{l}F_1 + \frac{c}{l}F_2$$

$$F_B = \frac{a}{b}F_1 + \frac{c}{c+d}F_2 \qquad\qquad F_B = \frac{a}{l}F_1 + \frac{a+b}{l}F_2$$

여기서는 축 1에 대해 계산해 본다.

  $a = 120\text{mm}$, $b = 480\text{mm}$, $c = 150\text{mm}$, $d = 330\text{mm}$

  $F_1 = 642\text{N}$, $F_2 = 1260\text{N} \times \tan20 = 459\text{N}$이므로

$$F_A = \frac{a+b}{b}F_1 + \frac{d}{c+d}F_2 = \frac{120+480}{480} \times 642 + \frac{330}{150+330} \times 459 = 802.5 + 315.6 = 1{,}118N$$

$$F_B = \frac{a}{b}F_1 + \frac{c}{c+d}F_2 = \frac{120}{480} \times 642 + \frac{150}{150+330} \times 459 = 160.5 + 143.4 = 303.9N$$

ⓑ 기본 정정격 하중(C_{or}, C_{oa})

베어링은 순간적인 충격 하중을 받으면 전동체와 궤도면 사이에 국부적인 영구 변형이 일어난다. 이

변형량이 어떤 한도를 넘으면 베어링의 원활한 회전을 방해하는데, 접촉점에 다음과 같은 접촉 응력을 발생시키는 정하중을 기본 정정격 하중이라고 한다.

- 자동 조심 볼 베어링 : 4600MPa
- 볼 베어링 : 4200MPa
- 롤러 베어링 : 4000MPa

　이때의 영구 변형량의 합계는 전동체 직경의 0.01%로 된다.
　선정할 베어링의 기본 정정격 하중이 각각 F_A, F_B 보다 커야 한다.
　한편 베어링에 래디얼 하중과 액시얼 하중이 동시에 걸리는 경우 이를 정등가 하중으로 환산하여 계산하는데 다음과 같이 구한다.

- **■ 래디얼 베어링의 정등가 하중**

$$P_{or} = X_o F_r + Y_o F_a$$

- 깊은 홈 볼 : $P_{or} = 0.6F_r + 0.5F_a$
- 앵귤러 콘택트 볼 : 표 3 참조

▌표 3 앵귤러 콘택트 볼 베어링의 Xo, Yo

접촉각	단열, 병렬 조합		배면, 정면 조합	
	Xo	Yo	Xo	Yo
30도	0.5	0.33	1	0.66
40도		0.26		0.52

- **■ 스러스트 베어링**

$$P_{or} = F_a$$

ⓒ 기본 동정격 하중(C)

정격 피로 수명이 10^6 회전이 되는, 방향과 크기가 변하지 않는 하중을 말한다. 즉 C라는 하중이 걸리면 이 베어링의 수명은 10^6 회전이 된다.
　베어링의 기본 정격 수명은 다음과 같이 구할 수 있다.

- 볼 베어링 : $L = \left(\dfrac{C}{P}\right)^3 \times 10^6$ 회전
- 롤러 베어링 : $L = \left(\dfrac{C}{P}\right)^{10/3} \times 10^6$ 회전

$$P : \text{베어링에 걸리는 하중(동등가 하중)}$$
$$C : \text{기본 동정격 하중}$$
$$\text{래디얼 베어링} : Cr$$
$$\text{스러스트 베어링} : Ca$$

기본 동정격 하중은 사용 온도 및 얼마만큼의 신뢰도로 설계할 것이냐에 따라 값을 보정하여 사용한다.

■ 사용 온도에 따른 보정

고온 → 경도 저하 → 피로 수명 감소

$$C_t = f_t \times C$$

$$f_t : \text{온도 계수}$$

▌ 표 4 온도 계수

베어링 온도(℃)	125	150	175	200	250
f_t	1	1	0.95	0.9	0.75

■ 신뢰도 계수(a_1)

기본 정격 수명은 신뢰도가 90%인 것으로 정의되어 있는데, 이것보다 더 높은 신뢰도가 필요한 경우 신뢰도 계수로 보정한다.

▌ 표 5 신뢰도 계수

요구 신뢰도	90	95	96	97	98	99
a_1	1	0.62	0.53	0.44	0.33	0.21

따라서 보정 수명은 $Ln = a_1 \times \left(\dfrac{f_t C}{P} \right)^3 \times 10^6$ 회전으로 된다.

제품의 설계 수명을 10년으로 하면 축 1이 10년간 회전하는 회전수는 다음과 같다.

$$875\text{rpm} \times 60\text{분} \times 8\text{시간} \times 250\text{일} \times 10\text{년} = 1,050 \times 10^6 \text{ 회전}$$

베어링의 온도 계수를 0.95, 신뢰도 계수를 0.62로 잡으면 다음 식이 성립한다.

$$1,050 \times 10^6 \leq a_1 \times \left(\frac{f_t C}{P} \right)^3 \times 10^6 = 0.62 \times \left(\frac{0.95\,C}{P} \right)^3 \times 10^6$$

$$\therefore \; \left(\frac{C}{P} \right)^3 = 1,976$$

이 식을 정리하면 사용할 베어링의 기본 동정격 하중 C는 $C \geq \sqrt[3]{1,976} \times P$이어야 한다.

그러므로 A점 베어링의 $C = 12.55 \times 1{,}118\text{N} = 14{,}031\text{N}$, B점 베어링의 $C = 12.55 \times 304\text{N} = 3{,}816\text{N}$으로 된다.

이상의 계산 결과를 기준으로 베어링 카탈로그에서 적합한 베어링을 선정하면 아래 표로부터

▌ 표 6　베어링 외경에 따른 성능 차이

베어링 번호	기본 동정격 하중	기본 정정격 하중	허용 회전수
6808	6,350	5,550	14,000
6908	13,700	10,000	13,000
6008	16,800N	11,500N	12,000rpm
6208	29,100	17,900	10,000
6308	40,500	24,000	9,000

- A점 : #6008
- B점 : #6808로 충분하다.

ⓓ 동등가 래디얼 하중

래디얼 하중과 액시얼 하중이 동시에 걸리는 경우 동등가 하중을 구하여 P를 대체한다.

$$P_r = XF_r + YF_a$$

$$X : \text{래디얼 하중 계수}$$
$$Y : \text{액시얼 하중 계수}$$

베어링 종류별 하중 계수는 표 7, 8과 같다.

■ 깊은 홈 볼 베어링

표 7 베어링의 하중 계수

$\dfrac{f_o F_a}{C_{or}}$	e	$\dfrac{F_a}{F_r} \leq e$		$\dfrac{F_a}{F_r} > e$	
		X	Y	X	Y
0.172	0.19				2.3
0.345	0.22				1.99
0.689	0.26				1.71
1.03	0.28				1.55
1.38	0.3	1	0	0.56	1.45
2.07	0.34				1.31
3.45	0.38				1.15
5.17	0.42				1.04
6.89	0.44				1.00

f_o : 베어링 카탈로그 표에 있는 값

■ 앵귤러 콘택트 볼

표 8 베어링의 하중 계수

접촉각	e	단열, 병렬 조합				배면, 정면 조합			
		$\dfrac{F_a}{F_r} \leq e$		$\dfrac{F_a}{F_r} > e$		$\dfrac{F_a}{F_r} \leq e$		$\dfrac{F_a}{F_r} > e$	
		X	Y	X	Y	X	Y	X	Y
30도	0.8	1	0	0.39	0.76	1	0.78	0.63	1.24
40도	1.14			0.35	0.57		0.55	0.57	0.93

ⓔ 동등가 액시얼 하중

$$P_a = F_a + 1.2 F_r \qquad 단\ \frac{F_r}{F_a} \leq 0.55$$

ⓕ 정등가 액시얼 하중

$$P_{oa} = F_a + 2.7 F_r \qquad 단\ \frac{F_r}{F_a} \leq 0.55$$

> **설계 TIP**
>
> 동력 전달 요소로 헬리컬 기어나 베벨 기어를 사용한다면 등가 하중을 구해 계산해야 한다.

④ 허용 회전수

회전 속도가 올라가면 내부 마찰열에 의해 온도가 상승하며 어떤 한계를 넘으면 눌어붙게 된다. 허용 회전수란 베어링이 눌어붙지 않는 경험적인 속도 허용 값이다.

허용 회전수는 베어링 형식, 치수, 리테이너의 형식 및 재료, 베어링에 걸리는 하중, 윤활 방법, 냉각 상황 등에 따라 다르다.

베어링 카탈로그의 허용 회전수는 하중 조건이 $C/P \geq 12$이고, $F_a/F_r \geq 0.2$인 조건에서 허용되는 회전수이다. 유윤활 허용 회전수는 오일 배스(oil bath) 윤활 기준이다.

┃ 표 9 주요 롤링 베어링의 정격 하중 및 허용 회전수 비교

종류		외경(mm)	래디얼 하중(kN)		f_o	허용 회전수(rpm)	
			동정격	정정격		유윤활	그리스
깊은 홈 볼	6010	80	21.8	16.6	15.5	9,800	8,400
	6210	90	35.0	23.2	14.4	8,300	7,100
	6310	110	62.0	38.5	13.2	7,500	6,400
	6410	130	83.0	49.5	12.5	6,700	5,700
앵귤러 콘택트 볼	7010	80	23.7	20.1		11,000	8,600
	7210	90	41.5	31.5		10,000	7,900
	7310	110	74.5	52.5		9,400	7,100
복열	5210S	90	53.0	43.5		6,000	4,800
	5310S	110	81.5	61.5		5,600	4,300
자동 조심 볼	1210S	90	22.8	8.1		8,000	6,300
	1310S	110	43.5	14.1		6,700	5,600
원통 롤러	NU1010	80	32.0	36.0		11,000	8,900
	NU210	90	48.0	51.0		9,000	7,600
	NU310	110	87.0	86.0		7,700	6,500
	NU410	130	129.0	124.0		5,500	4,700

(계속)

종류		외경(mm)	래디얼 하중(kN)		f_o	허용 회전수(rpm)	
			동정격	정정격		유윤활	그리스
복열	NN3010	80	53.0	72.5		9,400	8,000
테이퍼 롤러	30210	90	77.0	93.0		5,300	4,000
	30310	110	133.0	152.0		4,800	3,600
스러스트 볼	51110	70	28.8	75.5		4,500	3,100
	51210	78	48.5	111.0		3,400	2,400
	51310	95	96.5	202.0		2,600	1,800
	51410A	110	148.0	283.0		2,000	1,400

⑤ 축 및 하우징 턱의 높이

표 10 베어링의 정상적인 조립 상태 확보 및 분해를 쉽게 하기 위한 턱의 높이

내륜 외륜의 모서리 치수	모서리 r_a (최대)	턱의 높이	
		깊은 홈 볼, 자동 조심 볼, 원통 롤러, 니들 롤러	앵귤러 콘택트 볼, 테이퍼 롤러, 자동 조심 롤러
0.05	0.05	0.2	—
0.08	0.08	0.3	—
0.1	0.1	0.4	—
0.15	0.15	0.6	—
0.2	0.2	0.8	—
0.3	0.3	1	1.25
0.6	0.6	2	2.5
1	1	2.5	3
1.1	1	3.25	3.5
1.5	1.5	4	4.5
2	2	4.5	5
2.1	2	5.5	6
2.5	2	—	6
3	2.5	6.5	7
4	3	8	9
5	4	10	11
6	5	13	14
7.5	6	16	18
9.5	8	20	22
12	10	24	27
15	12	29	32
19	15	38	42

(2) 부품의 고정

베어링과 로크 너트가 조립된 축들을 기어 박스에 어떻게 고정할 것인지 정한다.

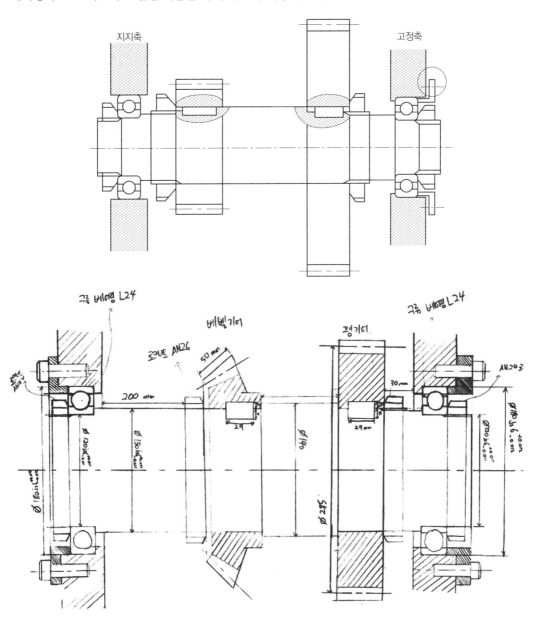

그림 3 부품의 고정과 제출 과제 예

(3) 베어링 하우징의 사용 여부

베어링을 병렬로 2개 이상 사용하는 경우 기어 박스의 벽 두께가 너무 두꺼워져 비효율적이므로 베어링 하우징을 사용하여 벽의 두께를 적정하게 할 수 있다.

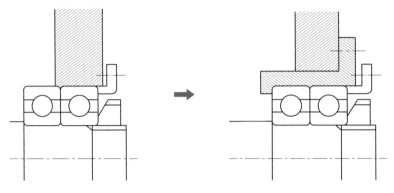

그림 4   베어링 하우징의 용도

(4) 윤활에 따른 밀봉

기어와 베어링을 위해 유윤활을 해야 하는데, 그대로 놔두면 그림 5와 같은 경로로 유가 새나간다. 그러므로 유가 밖으로 유출되지 않도록 밀봉해야 한다. 밀봉 요소에는 아래와 같은 것들이 있으며, 여기서는 그림 6과 같이 축이 기어 박스 밖으로 나오지 않는 곳은 캡과 O-링을 사용하고, 밖으로 나오는 경우에는 오일 실과 O-링을 사용하여 밀봉하였다.

① 고정용(실)(개스킷)
• 개스킷
• O-링, X-링, V-링, D-링
• 실 테이프

② 운동용 실(패킹)
• O-링
• 오일 실
• 메커니컬 실
• 라비린스 실

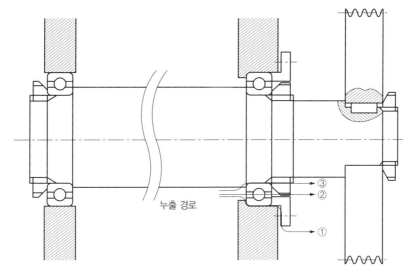

그림 5 유의 누출 경로

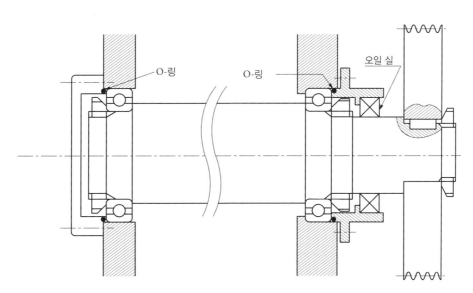

그림 6 밀봉 : 윤활유 유출 및 외부 먼지 유입 방지

(5) 조립 및 분해를 고려한 기어 박스 내 축의 공간 배치

기어 박스 내 여러 개의 축을 위아래 또는 옆으로 일렬 배치하면 공간 효율이 떨어지고 가공 및 조립이 어려워진다. 따라서 그림 7과 같이 공간 이용을 효율적으로 하면서 기어 박스를 가능한 한 작게 만들 수 있는 위치를 찾아 배치해야 한다.

이 단계에서 해야 할 일은 다음과 같다.

- 최적의 A, B 치수를 얻기 위한 1~4축들의 배치
- 기어와 축의 간섭 체크
- 풀리 축(1축)의 최적 위치 찾기
- 폭 방향 기어 열의 위치 결정 : 조립 및 분해 시 작업성을 고려한 위치 결정
- 기어 박스와 모터를 고정하기 위한 베이스 설계

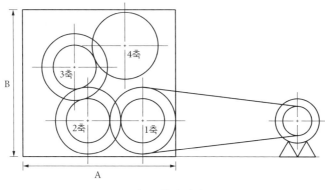

그림 7 축의 배치

(6) 벨트 및 체인의 장력 조정 방법 : 아이들러 / 조정 볼트

벨트는 초기 설치 시 길이에 맞춰 장력을 맞춰 주어야 하며, 사용 시 늘어나므로 때때로 장력을 조정해 주어야 한다. 체인은 너무 늘어지면 스프로킷에서 벗겨지므로 적절하게 당겨 주어야 한다.

그림 8과 9에 조정 방법을 제시하였다.

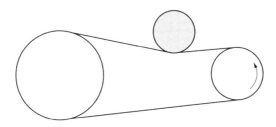

그림 8 아이들 풀리를 이용한 장력 조정

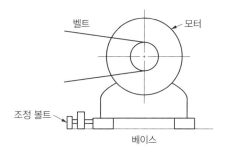

그림 9 모터를 밀어 장력 조정

❷ 2차 조립도 설계

① 1차 조립도의 치수를 구체적으로 확정

② 사용할 기계 요소의 스펙 확정

③ 기어 박스의 크기 확정

④ 기어 박스 제작 방법

  • 용접 : 재료 절단 → 로터리 연마(녹 제거) → 용접 → 풀림 처리 → 절삭 가공 → 도장

  • 주조 : 주조 → 절삭 가공 → 도장

⑤ 조립 작업자가 제품의 구조를 완전히 이해할 수 있도록 3각법에 의해 정면도, 평면도, 좌우 측면도, 배면도, 저면도 및 단면도를 적절한 축척으로 그린다. 이때 모든 그림의 축척이 같을 필요는 없다.

⑥ 조립 작업자가 부품의 위치 및 사양을 쉽게 찾을 수 있도록 모든 부품의 일련 번호를 부여하고, 부품 명을 작명하며, 부품 번호를 부여한다.

⑦ 부품 리스트 작성 : 우측 상부부터 작성하며 순번 + 품격 + 재료 + 사양 + 수량 등이 표시되어야 하며, 구매품인 경우 필요 시 특정 제조업체명을 표시한다.

⑧ 외곽 치수, 축간 거리 등 중요 치수를 기입한다.

⑨ 도면의 변별이 가능하도록 선의 굵기 및 해칭 등을 활용하되 융통성 있게 적절히 조정한다.

❸ 부품도 설계

표준 규격품이 아닌 모든 부품은 부품도를 작성해야 한다. 부품도는 가공을 위해 작성하는 것이므로 부품도에 표시되어야 하는 내용이 있다.

① 도면 번호, 부품명, 재료, 수량

② 열처리, 표면 경화처리, 표면처리

③ 공차 : 치수 공차, 형상(기하) 공차

(1) 가공 방법과 IT 공차

▌표 11 가공 종류별 가능한 IT 공차 영역

가공법 \ IT 등급	5	6	7	8	9	10	11	12	13	14	15	16
선삭		– –	────────────									
원통 연삭	─────────											
열간 단조				– – – – – – –				────────────				
온간 단조			– – – – –			────────────					
냉간 단조		– –	─────────────									
압연(두께 정밀도)			────────────									
마무리 압연(두께 정밀도)	– – –	──────										
마무리 압인(두께 정밀도)	– – – –	────────										
딥 드로잉						────────						
아이어닝 마무리	– – –	────────────										
강관, 강선의 인발					────────							
전단				────────────								
정밀 전단	– – –	────────────										
로터리 스웨이징			────────────									

────── : 표준   – – – – : 고정밀도 가공 기술 응용 시

(2) 가공 부품에 자주 사용하는 끼워 맞춤 공차 : 구멍 기준

일반적으로 공차를 줄 때 구멍의 공차를 기준으로 축의 공차를 맞추는데, 이는 구멍 치수를 측정하는 것이 축의 치수를 측정하는 것보다 더 어렵기 때문이다.

▌표 12 가공 부품의 끼워 맞춤 공차

기준 구멍	축													
	헐거운 끼워 맞춤				중간 끼워 맞춤				억지 끼워 맞춤					
H6			g5	h5	js5	k5	m5							
H6		f6	g6	h6	js6	k6	m6	n6	p6					
H7		f6	g6	h6	js6	k6	m6	n6	p6	r6	s6	t6	u6	x6
H7	e7	f7		h7	js7									

기준 구멍	축														
	헐거운 끼워 맞춤						중간 끼워 맞춤			억지 끼워 맞춤					
H8					f7	h7									
				e8	f8	h8									
			d9	e9											
H9			d8	e8											
		c9	d9	e9											
H10	b9	c9	d9												

① 헐거운 끼워 맞춤 적용

부품을 상대적으로 움직일 수 있다.

▌ 표 13 헐거운 끼워 맞춤 적용 부분

정도	공차 조합	적용 부분	기능상 분류
헐거운 끼움	H9/c9	• 조립을 쉽게 하기 위해 매우 큰 틈새가 필요하든지 있어도 무방한 부분 • 고온 시에 적당한 틈새가 필요한 부분	• 위치 오차가 크다. • 끼워 맞춤 길이가 길다. • 비용을 낮추고 싶다.
가벼운 돌려 끼움	H8/d9 H9/d9	• 조립을 쉽게 하기 위해 매우 큰 틈새가 필요하든지 있어도 무방한 부분	
	H7/e7 H8/e8 H9/e9	• 윤활을 위해 약간 큰 틈새가 필요하든지 있어도 무방한 부분 • 고온, 고속, 고부하인 슬라이딩 베어링 부	• 일반 회전 또는 슬라이딩 하는 부분 • 분해를 자주하는 부분
돌려 끼움	H6/f6 H7/f7 H8/f7 H8/f8	• 운동이 가능한 정도의 적당한 틈새가 필요한 곳 • 그리스 또는 유윤활인 일반 상온 슬라이딩 베어링 부	• 일반 회전 또는 슬라이딩 하는 부분 • 분해를 자주하는 부분
정밀 돌려 끼움	H6/g5 H7/g6	• 경하중인 정밀 기기의 연속 회전 부분 • 틈새가 작은 정밀 운동이 필요한 부분	• 끄덕거림이 거의 없는 정밀한 운동이 요구되는 부분

② 중간 끼워 맞춤 적용

부품을 상대적으로 움직일 수 없다.

▌표 14 중간 끼워 맞춤 적용 부분

정도	공차 조합	적용 부분	기능상 분류
윤활 끼움	H6/h5 H7/h6 H8/h7 H8/h8 H9/h9	• 윤활제를 사용하면 손으로 끼울 수 있는 부분 • 중요하지 않은 고정 부분	• 부품을 손상시키지 않고 분해 조립 가능 • 힘의 전달은 불가
눌러 끼움	H6/h5 H6/h6 H7/js6	• 사용 중에 서로 움직이지 않도록 해야 하는 부분 • 나무망치로 조립 분해 가능	
때려 끼움	H6/js5 H7/k6	• 고정밀 조립 • 조립 분해에 쇠망치 사용하는 정도 • 부품끼리의 회전 방지는 안 됨	
가벼운 압입 끼움	H6/k5 H7/m6	• 고정밀 조립 • 조립 분해에 쇠망치 사용하는 정도	• 작은 힘은 전달 가능

③ 억지 끼워 맞춤

부품을 상대적으로 움직일 수 없다.

▌표 15 억지 끼워 맞춤 적용 부분

정도	공차 조합	적용 부분	기능상 분류
압입 끼움	H6/n5 H6/n6 H7/p6	• 확실한 고정이 필요한 부분	• 작은 힘은 전달 가능 • 부품 손상 없이 분해 불가
강한 압입 끼움 열 끼움 냉 끼움	H6/p5 H7/r6	• 매우 확실한 고정이 필요한 부분 • 치수가 큰 경우에는 열 끼움 또는 냉 끼움	
	H6/r5 H7/s6 H7/t6 H7/u6 H7/x6		• 큰 힘 전달도 가능 • 분해 불가

(3) 롤링 베어링의 끼워 맞춤 공차

① 내륜과 축

표 16 롤링 베어링 내륜과 축의 끼워 맞춤 공차

정밀도 등급	축									
	내륜 회전/방향이 일정하지 않은 하중							내륜 정지		
0급	r6	p6	n6	m6	k6	js6	h5	h6	g6	f6
6급				m5	k5	js5		h5	g5	f6
5급				m5	k4	js4	h4	h5		
	억지 끼워 맞춤			중간 끼워 맞춤						헐거운 끼워 맞춤

② 외륜과 하우징

표 17 롤링 베어링 외륜과 하우징의 끼워 맞춤 공차

정밀도 등급	하우징								
	외륜 정지			외륜 회전/방향이 일정하지 않은 하중					
0급	G7	H7	Js7		Js7	K7	M7	N7	P7
6급		H6	Js6		Js6	K6	M6	N6	
5급		H5	Js5	K5		K5	M5		
	헐거운 끼워 맞춤			중간 끼워 맞춤					억지 끼워 맞춤

(4) 표면 거칠기

① IT 공차 등급과 표면 거칠기

표 18 IT 공차 등급과 표면 거칠기 : 최대 높이 조도 $R_y(\mu m)$

기준 치수	IT 5	IT 6		IT 7		IT 8	
	슬라이딩	고정	슬라이딩	고정	슬라이딩	고정	슬라이딩
6~30	0.4	1.6	0.8	1.6	1.6	3.2	1.6
30~120	0.4	1.6	0.8	3.2	1.6	3.2	3.2
120~315	0.8	3.2	1.6	6.3	3.2	6.3	3.2

- 선삭 가공 치수 정밀도 : IT 6~IT 10
- 연삭 가공 치수 정밀도 : IT 5~IT 8

② 가공 방법과 표면 거칠기

표 19 가공 종류별 가능한 표면 거칠기 범위

가공 방법	마무리 기호	▽▽▽▽				▽▽▽			▽▽		▽		—	
	R_a	0.025a	0.05a	0.1a	0.2a	0.4a	0.8a	1.6a	3.2a	6.3a	12.5a	25a	50a	100a
	R_y	0.1s	0.2s	0.4s	0.8s	1.6s	3.2s	6.3s	12.5s	25s	50s	100s	200s	400s
단조									◄──►		◄────	────	────	──►
주조									◄──►		◄────	────	────	──►
다이 캐스트									◄──►					
열간 압연									◄────	────	────	──►		
냉간 압연						◄────	────	────	────	──►				
인발							◄────	────	────	──►				
압출							◄────	────	────	──►				
전조					◄────	────	──►							
선삭					◄─► 정밀	◄─►	◄─► 정삭		◄─► 중삭		◄── 황삭	────	────	──►
밀링							◄──►		◄────	────	────	──►		
평삭									◄────	────	────	──►		
형삭									◄────	────	────	──►		
보링							◄──►		◄────	────	──►			
정밀 보링					◄────	────	──►							
드릴링									◄────	────	──►			
리머						◄──►		◄────	────	──►				
브로칭						◄──►		◄────	────	──►				
세이빙							◄────	────	──►					
연삭				◄► 정밀	◄─►	◄─► 정삭	◄─►	◄─► 중삭		◄── 황삭	──►			
호닝				◄──►		◄────	──►							
액체 호닝				◄──►		◄────	──►							
래핑		◄──►		◄──►										

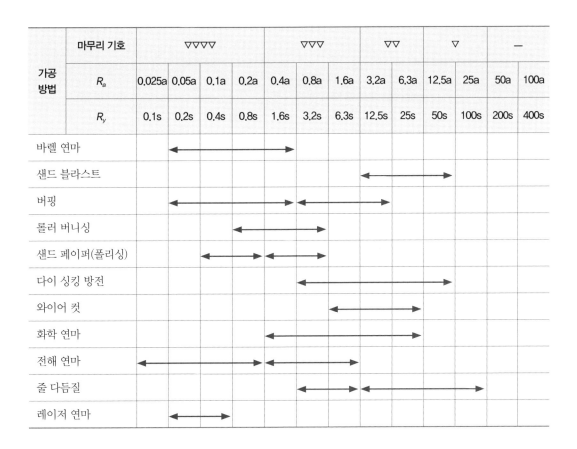

(5) 특별한 가공 필요 시 명기

일반적으로 부품도에는 가공 방법에 대한 지시를 하지 않지만 설계자가 특별히 가공 방법을 지정해야 하는 경우에는 이를 별도의 문장으로 지시할 수 있다.

(6) 주기

어떤 약속된 기호로 표시할 수 없는 지시 사항이 있을 경우 '주기'란에 간단한 문장으로 지시할 수 있다.

　예 : 유윤활하는 기어 박스의 용접 관련하여 '용접 시 기름이 새지 않도록 용접할 것'이라 적는다.

❹ 설계의 결과물[*]

(1) 설계 자료

[설계 결과값]

기계제작실습 2 설계

축 spec

부품	동력을 받는 대상	동력을 주는 대상	절대속도 rpm (rev/m)	속도비	비틀림 모멘트 N·m	강재료	d(mm) 비틀림 모멘트 교려	d(mm) 비틀림 강성 교려	호칭 치수	키 sm45
모터 축	모터	풀리1	1750	1/2	-		-	-	-	-
축 1	풀리 2	기어 1	875	1/5	37		12.7	32.1 → 33	10 X 8	15
축 2	기어 2	기어 3	175	1/3	185	SCr 440	21.7	48.0	14 X 9	21
축 3	기어 4	기어 5	50	1/5	646		34.2	65.6 → 66	20 X 12	30
축 4	기어 6	커플링	10		3232		56.2	98	28 X 16	48

비틀림 모멘트 교려

관성 모멘트 $J = \frac{1}{8} \times m D^2$

비틀림 모멘트 : $T = J\alpha = \frac{1}{2}mR^2 \times \frac{2\pi n}{60t} = \frac{1}{2}\rho V R^2 \times \frac{2\pi n}{60t}$

비틀림 강성 : $\tau_a = \frac{T \times f_s}{z_p} = \frac{16Tf_s}{\pi d^3}$ ($z_p = \frac{\pi d^3}{16}$)

$d = \sqrt[3]{\frac{16Tf_s}{\pi \tau_a}}$ 일때

$f_s = 2$ 일때

비틀림 강성 교려

$$\frac{\theta}{l} = \frac{Tf_s}{GI_p} = \frac{Tf_s}{G\frac{\pi d^4}{32}}$$

$$\frac{32Tf_s}{G\pi d^4}(radian) = \frac{32Tf_s}{G\pi d^4}(radian)$$

$$d = \sqrt[4]{\frac{32Tf_s}{G\pi \frac{\theta}{l}\frac{\pi}{180^o}}}$$

일반 전동축 : $\frac{\theta}{l} = 0.33^o/m$ $f_s = 1.3$, G = 80Gpa

---

* 여기에 수록되어 있는 설계자료 및 도면은 건국대학교 기계공학부 학생들의 실제 과제 수행 결과물이다(상중하 중 최상에 해당).

기어 설계

축 (설치축 속도축)	부품	m	이뿌리원 직경	피치원 직경	속도비	z (이빨수)	열처리 재료	F_{ta}	Y_F	Y_E	Y_F	K_L	K_F	K_V 원주속도	K_O 균일 일 중	S_F	σ_a	b(mm)
축 1 33	기어1	4	48.7	68	$\frac{1}{5}$	17		1260N	3.1	$\frac{1}{1.674}$				1.2(2.689)				6
	기어2			344		86			2.25					1.2(2.689)				6
축 2 48.0	기어3		65.6	76	$\frac{1}{3.5}$	19	SC M 440 침탄	4894N	2.67	$\frac{1}{1.682}$	1	1		1(0.0 696)	1.2	1.2		14
	기어4			268		67			2.25					1(0.2 205)	5			14
축 3 66	기어5		85.4	96	$\frac{1}{5}$	24		13542N	2.65	$\frac{1}{1.742}$	1	1		1(0.2 51)			314〉 $\frac{2}{3}$	37
축 4 98	기어6			484		121			2.175					1(0.2 51)				37

기어 직경 설계

이뿌리원 직경 ≥ $d + 2(t_2 + 5)$ [축지름 $+ 2(t2+5)$]
피치원 직경 = 이뿌리원 직경 $+ 2.5m$

기어 이빨 결정

$d_P = m \times z$ (모듈 × 이빨개수)

기어의 제약조건

1. 기어의 최소 이빨 수 $z \ge 17$
   최악의 경우 14개 까지 허용
2. 최소공배수를 크게 만들어라

15:75 → 17:86 (제약조건 1)
19:67
24:120→24:119(제약조건 2)

Fa 계산

$T = FR$

제약조건

기어 폭 결정

$$F \le F_{ta} = \sigma_a \frac{mb}{Y_F Y_E Y_P}\left(\frac{K}{}\right)$$

$$b = \frac{F_{ta} Y_F Y_E Y_3}{\sigma_a m} \cdot \frac{K_V K_O}{K_L K_{FX}}$$

b (10~20 m : 정밀가공)
b (≤ 10m: 일반가공)

피치원 상 원주속도(m/s)

$$\frac{d \times rpm(rev/m)}{1} \times \frac{1m}{60s} \times \pi$$

(2) 조립도

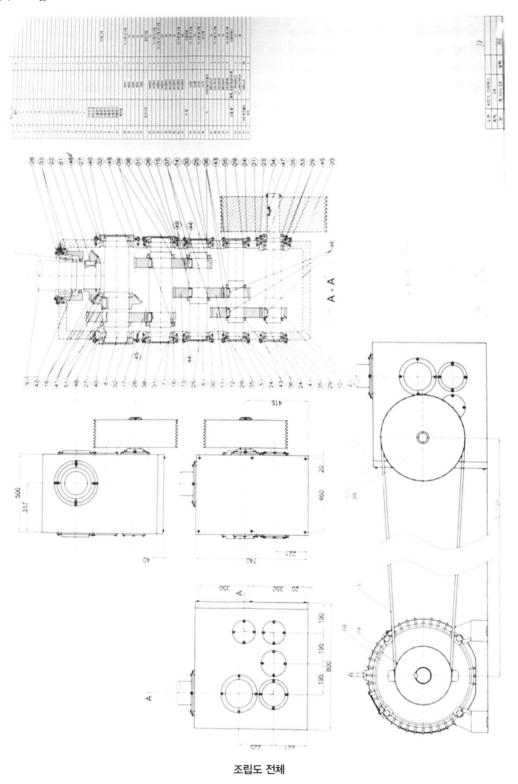

조립도 전체

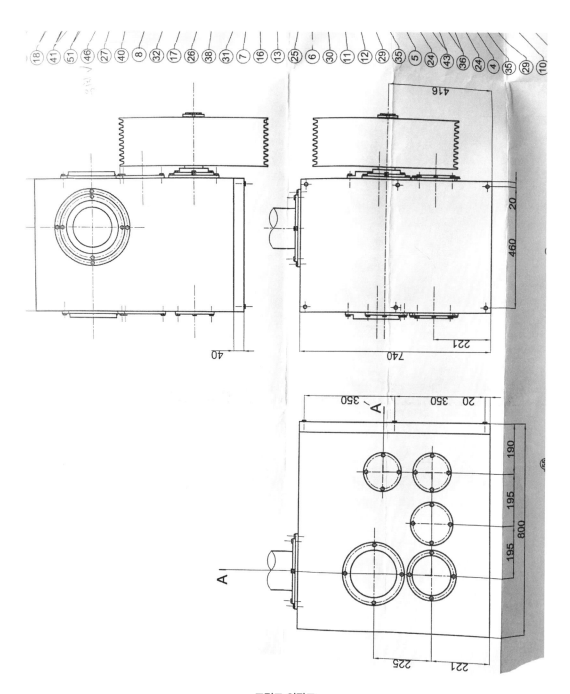

조립도 외관도

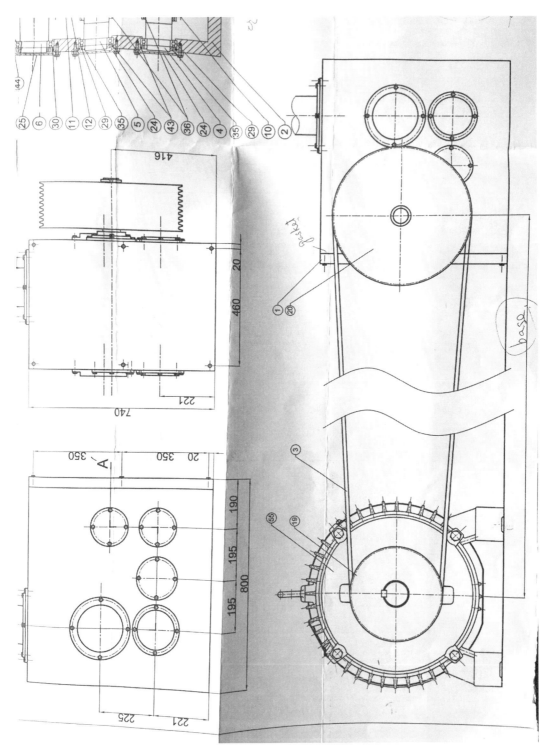

조립도 정면도

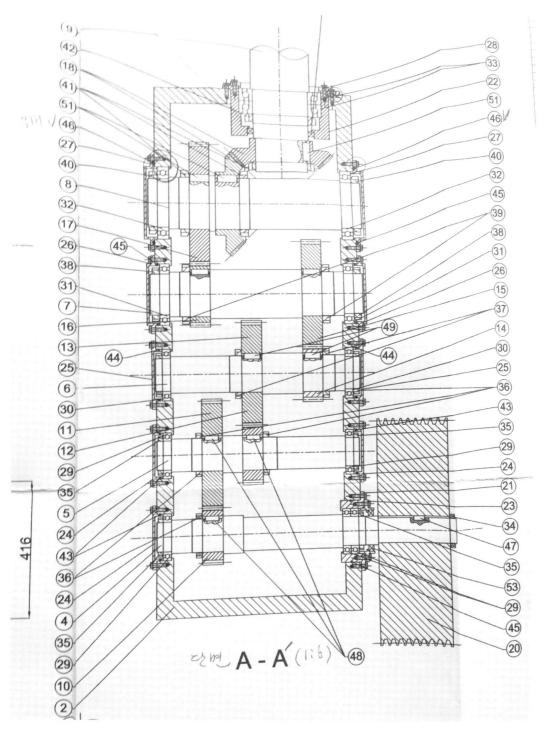

조립도 단면도

(28)
(33)
(22)
(51)
(46)
(27)
(40)
(32)
(45)
(39)
(38)
(31)
(26)
(15)
(37)
(14)
(30)
(25)
(36)
(43)
(35)
(29)
(24)
(21)

순번	품명	재질	개수	비고
1	케이스		1	
2	케이스 덮개		1	
3	벨트		9	
4	S1		1	
5	S2		1	
6	S3		1	
7	S4		1	
8	S5		1	
9	S6		1	
10	G1		1	
11	G1		1	
12	G2		1	
13	G2		1	
14	G3		1	
15	G3		1	
16	G4		1	
17	G4		1	
18	G5		2	
19	P		1	
20	P'		1	
21	S1하우징		1	
22	S6하우징		1	
23	S1플렌지		1	
24	S2플렌지		3	S1에 1개
25	S3플렌지		2	
26	S4플렌지		2	
27	S5플렌지		2	
28	S6플렌지		1	
	베어링			
29		6014	5	S1 3개 S2 2개
30		6016	2	S3
31		6020	2	S4
32		6024	2	S5
33		7028	2	S6
	로크너트			경진기업
34		M60X2	1	S1
35		M70X2	4	S1 2개 S2 2개
36		M80X2	5	S1 1개 S2 2개 S3 2개
37		M90X2	2	S3
38		M100X2	2	S4
39		M110X2	2	S4
40		M120X2	2	S5
41		M130X2	3	S5 2개 S6 1개
42		M140X2	1	S6
	O-링			수업자료
43		G105	3	S1 1개 S2 2개
44		G120	2	S3
45		G145	3	S1 1개 S4 2개
46		G175	2	S5 2개
	키	너비X높이X길이		
47		18X11X27	1	S1
48		22X14X33	3	S1 1개 S2 2개
49		25X14X39	2	S3
50		28X16X42	2	S4
51		32X18X48	3	S5 2개 S6 1개
	오일 씰	형태_내경X외경X두께		신광리테나
52		TC_70X100X13	1	S1
53		TC_140X170X14	1	S6
54	M8 육각볼트	M8X1.25	58	
55	모터		1	

조립도 부품 리스트

(3) 부품도

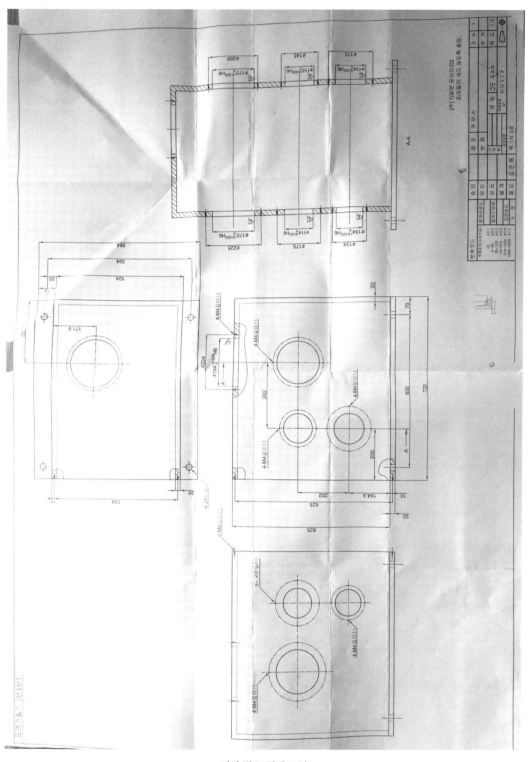

기어 박스 전체 도면

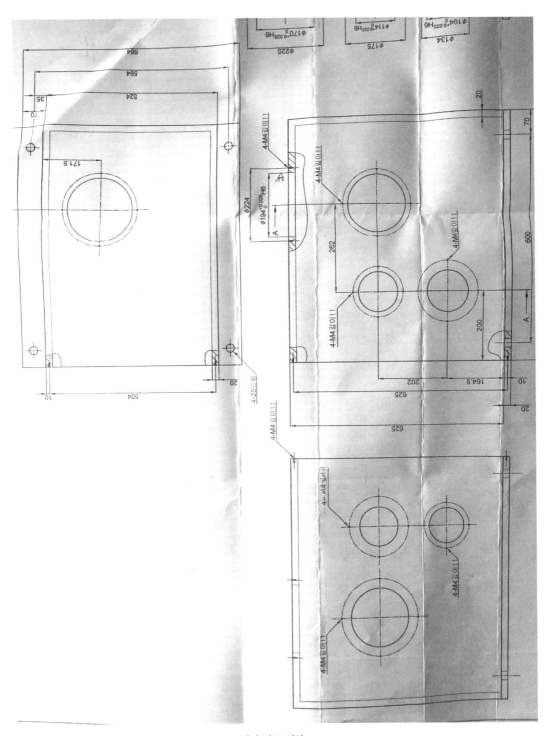

기어 박스 외관도

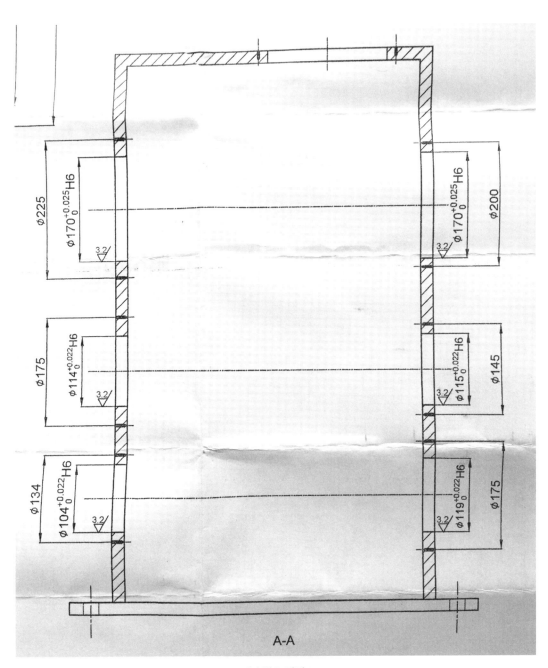

A-A

기어 박스 단면도

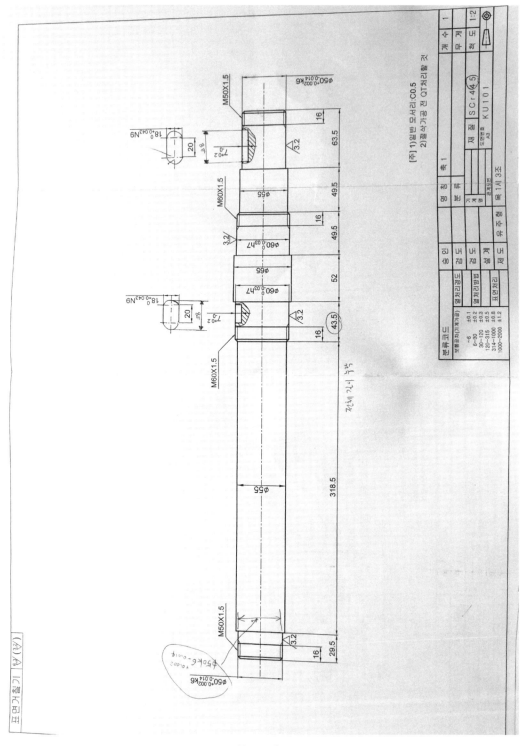

축 1 도면

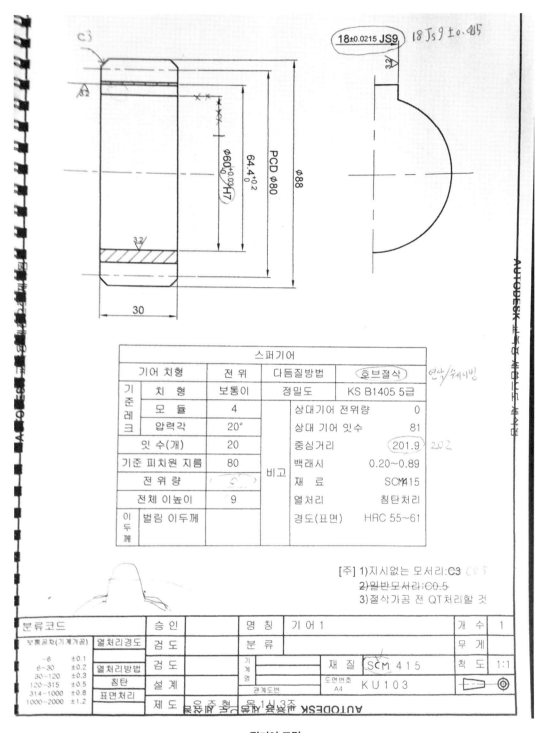

18±0.0215 JS9   18Js9±0.215

3.2

C3

A 3.2

PCD Ø80

Ø88

64.4 +0.2 0

Ø60 +0.03 0 H7

3.2

30

스퍼기어				
기어 치형		전 위	다듬질방법	호브절삭
기준레크	치 형	보통이	정밀도	KS B1405 5급
	모 듈	4	상대기어 전위량	0
	압력각	20°	상대 기어 잇수	81
잇 수(개)		20	중심거리	201.9 202
기준 피치원 지름		80	백래시	0.20~0.89
전 위 량		0	재 료	SCM415
전체 이높이		9	열처리	침탄처리
이두께	벌림 이두께		경도(표면)	HRC 55~61

연삭/쉐이빙

비고

[주] 1)지시없는 모서리:C3 C0.5
　　 2)일반모서리:C0.5
　　 3)절삭가공 전 QT처리할 것

분류코드		승 인		명 칭	기 어 1		개 수	1
보통공차(기계가공)		열처리경도	검 도	분 류			무 게	
~6	±0.1	열처리방법	검 도	기계명	재 질	SCM 415	척 도	1:1
6~30	±0.2							
30~120	±0.3	침탄	설 계	관계도번	도면번호 A4	KU103		
120~315	±0.5	표면처리	제 도					
314~1000	±0.8							
1000~2000	±1.2							

평기어 도면

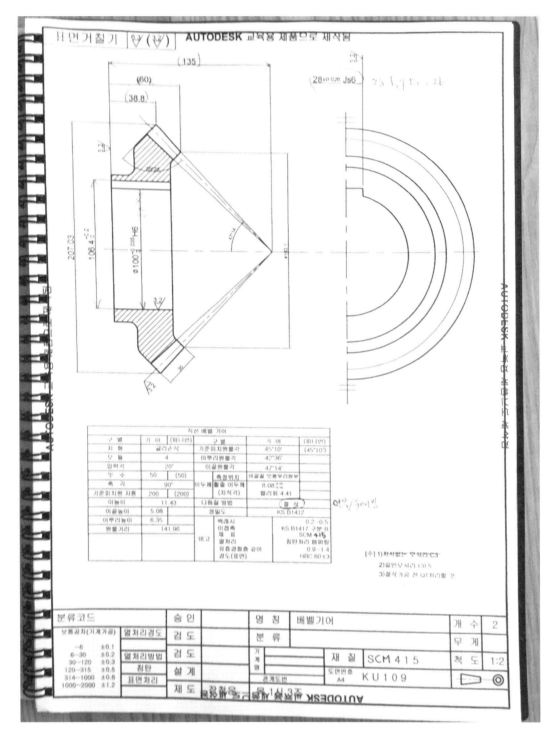

베벨 기어 도면

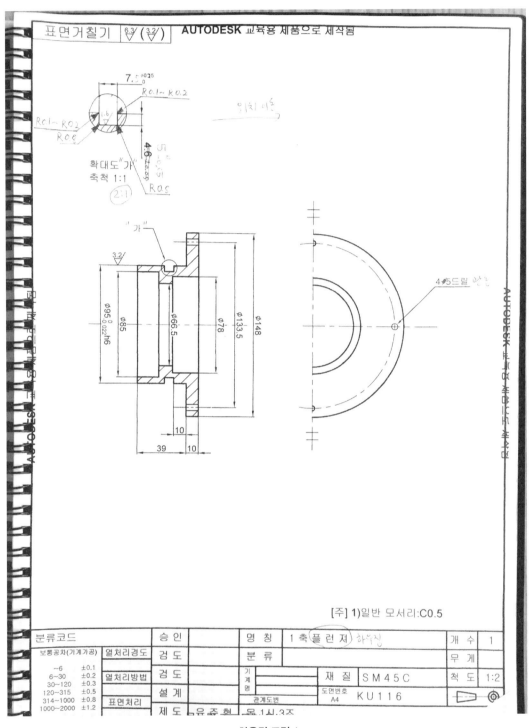

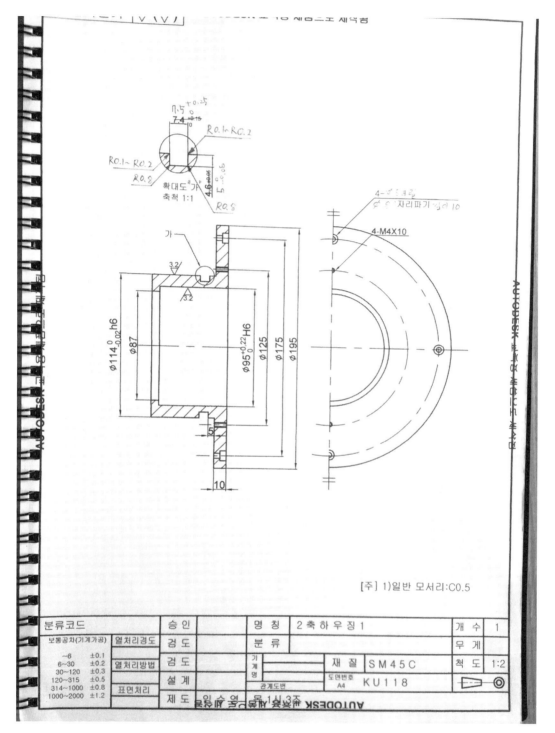

[주] 1)일반 모서리:C0.5

분류코드		승 인		명 칭	2 축 하 우 징 1		개 수	1
보통공차(기계가공)	열처리경도	검 도		분 류			무 게	
~6 ±0.1		검 도		기계		재 질	S M 4 5 C	척 도	1:2
6~30 ±0.2	열처리방법			계명				
30~120 ±0.3								
120~315 ±0.5		설 계		관계도번		도면번호	K U 1 1 8	
314~1000 ±0.8	표면처리					A4		
1000~2000 ±1.2		제 도						

하우징 도면 2

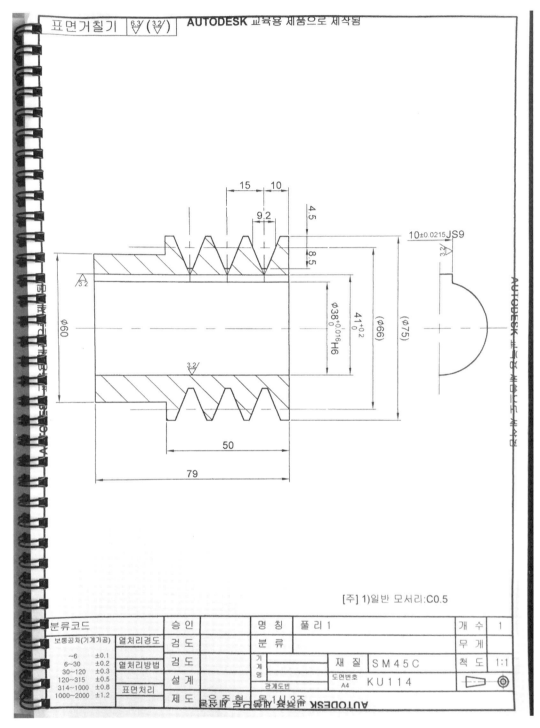

V 풀리 도면

부록 A   실습 자료 1

① 기어의 굽힘 강도

(1) 평기어 및 헬리컬 기어 : 내 기어 포함

- 대상 : 모듈(m) : 1.5~25

    피치원 직경(d_b) : 25~3,200mm $= z \times m$(z : 잇수, m : 모듈)

    원주 속도(v) : 25m / sec 이하

    회전수(n) : 3,600rpm

- 맞물림 피치원상의 원주력 F_t

$$F_t(N) = \frac{T}{R}$$

$$T(N \cdot m) = \frac{60P(W)}{2\pi n}$$

$$v = \frac{\pi d_b n}{60 \times 10^{-3}} (m/\sec)$$

- 굽힘 강도 계산 : 루이스(Lewis) 식

$$F_t \leq F_{ta}(F_{ta} : \text{맞물림 피치원상의 허용 원주력})$$

$$F_{ta} \leq \sigma_a \frac{m \times b}{Y_F Y_\varepsilon Y_\beta} \left(\frac{K_L K_{FX}}{K_V K_O} \right) \frac{1}{S_F}$$

① b : 이 너비(mm) : 두 기어의 이 너비가 다른 경우

- $b_w - b_s \leq m$일 때는 각각의 이 너비 b_w, b_s를 사용
- $b_w - b_s > m$일 때는 b_w는 $b_s + m$으로 대체 사용

② Y_F : 치형 계수

압력각 20°, 상당 평기어 잇수 z_V와 전위 계수 x 선도(그림 1)로부터 구함

③ Y_ε : 하중 분포 계수

$$Y_\varepsilon = \frac{1}{\varepsilon_\alpha}$$

- 정면 맞물림률 ε_α의 역수
- ε_α는 표 1로부터 구함

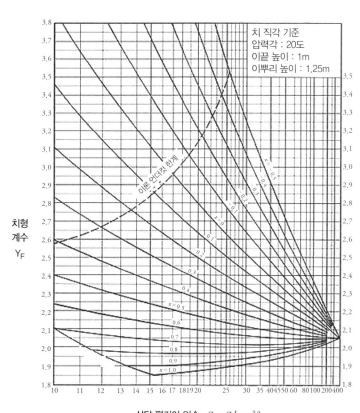

상당 평기어 잇수 $Z_v = Z / \cos^3 \beta$

x : 전위 계수 β : 비틀림각

그림 1 치형 계수

▌ 표 1 표준 평기어의 정면 맞물림률

$(\alpha_o = 20°)$

	17	20	25	30	35	40	45	50	55	60	65	70	75	80	85	90	95	100	110	120
17	1.514																			
20	1.535	1.557																		
25	1.563	1.584	1.612																	
30	1.584	1.605	1.633	1.654																
35	1.603	1.622	1.649	1.670	1.687															
40	1.614	1.635	1.663	1.684	1.700	1.714														
45	1.625	1.646	1.674	1.695	1.711	1.725	1.736													
50	1.634	1.656	1.683	1.704	1.721	1.734	1.745	1.755												
55	1.642	1.664	1.691	1.712	1.729	1.742	1.753	1.763	1.771											
60	1.649	1.671	1.698	1.719	1.736	1.749	1.760	1.770	1.778	1.785										
65	1.655	1.677	1.704	1.725	1.742	1.755	1.766	1.776	1.784	1.791	1.797									
70	1.661	1.682	1.710	1.731	1.747	1.761	1.772	1.781	1.789	1.796	1.802	1.808								
75	1.666	1.687	1.714	1.735	1.752	1.765	1.777	1.786	1.794	1.801	1.807	1.812	1.817							
80	1.670	1.691	1.719	1.740	1.756	1.770	1.781	1.790	1.798	1.805	1.811	1.817	1.821	1.826						
85	1.674	1.695	1.723	1.743	1.760	1.773	1.785	1.794	1.802	1.809	1.815	1.821	1.825	1.830	1.833					
90	1.677	1.699	1.726	1.747	1.764	1.777	1.788	1.798	1.806	1.813	1.819	1.824	1.829	1.833	1.837	1.840				
95	1.681	1.702	1.729	1.750	1.767	1.780	1.791	1.801	1.809	1.816	1.822	1.827	1.832	1.836	1.840	1.844	1.847			
100	1.683	1.705	1.732	1.753	1.770	1.783	1.794	1.804	1.812	1.819	1.825	1.830	1.835	1.839	1.843	1.846	1.850	1.853		
110	1.688	1.710	1.737	1.758	1.775	1.788	1.799	1.809	1.817	1.824	1.830	1.835	1.840	1.844	1.848	1.852	1.855	1.858	1.863	
120	1.693	1.714	1.742	1.762	1.779	1.792	1.804	1.813	1.821	1.828	1.834	1.840	1.844	1.849	1.852	1.856	1.859	1.862	1.867	1.871
RACK	1.748	1.769	1.797	1.817	1.834	1.847	1.859	1.868	1.876	1.883	1.889	1.894	1.899	1.903	1.907	1.911	1.914	1.917	1.922	1.926

$$\varepsilon_\alpha = \frac{\sqrt{r_{k1}{}^2 - r_{g1}{}^2} + \sqrt{r_{k2}{}^2 - r_{g2}{}^2} - \alpha\sin\alpha_b}{\pi m \cos\alpha_o}$$

• 맞물림률

기어가 연속적으로 맞물림을 계속하기 위해서는 $\varepsilon = 1.0$ 이상이어야 한다. 실제로는 1.2 이상이어야 한다. 맞물림률(contact ratio, ε)은 일반적으로 1.4~1.8 범위에 있으며 맞물림률이 클수록 이에 걸리는 부하가 낮아지며 소음이 작아진다.

④ Y_β : 비틀림각 계수

• $0 \le \beta \le 30°$일 때 $Y_\beta = 1 - \dfrac{\beta}{120}$

• $30° \le \beta$ 일 때 $Y_\beta = 0.75$

   β : 나선각

⑤ K_L : 수명 계수

▌ 표 2 수명 계수

반복 횟수	경도 H_B 120~220	경도 H_B 221 이상	침탄, 질화 기어
10,000 이하	1.4	1.5	1.5
100,000 정도	1.2	1.4	1.5
10^6 정도	1.1	1.1	1.1
10^7 이상	1.0	1.0	1.0

경도 H_B 120~220 : 주강 기어

경도 H_B 221 이상 : 고주파 경화 기어의 중심부 경도를 뜻함

반복 횟수 : 부하를 받으면서 맞물린 횟수

⑥ K_{FX} : 이뿌리 응력에 대한 치수 계수 = 1.0

⑦ K_V : 동하중 계수

▌표 3   동하중 계수

기어 정밀도 등급		피치원상 원주 속도(m/s)						
치형 비수정	치형 수정	≤1	1~3	3~5	5~8	8~12	12~18	18~25
	1	–	–	1.0	1.0	1.1	1.2	1.3
1	2	–	1.0	1.05	1.1	1.2	1.3	1.5
2	3	1.0	1.1	1.15	1.2	1.3	1.5	
3	4	1.0	1.2	1.3	1.4	1.5		
4	–	1.0	1.3	1.4	1.5			
5	–	1.1	1.4	1.5				
6	–	1.2	1.5					

⑧ K_O : 과부하 계수 = 실제 원주력 / 호칭 원주력

▌표 4   과부하 계수

원동기로부터의 충격	피구동부로부터의 충격		
	균일	중	격심
균일(전동기, 터빈, 유압모터 등)	1.0	1.25	1.75
가벼운 충격(다기통 기관)	1.25	1.5	2.0
중 정도 충격(단기통 기관)	1.5	1.75	2.25

⑨ S_F : 이뿌리 굽힘 파손에 대한 안전율

여러 요인에 의해 값을 정하기 어렵지만 ≥ 1.2는 필요

⑩ σ_a : 허용 이뿌리 굽힘 응력

• 한 방향 : 인장 피로 한도(fatigue limit under pulsating tension) / 응력 집중 계수(1.4)

• 좌우 양방향 : $\sigma_a \times \dfrac{2}{3}$ 로 한다. 경도는 이뿌리 중심부의 경도로 한다.

☑ 기어의 치면 강도 계산

기어의 표면은 반복 압축 및 충격 하중에 의한 피로 현상 때문에 표면에 작은 조각이 박리하여 구멍이 생겨 진동 소음이 커지게 되며 최후에는 부러지게 된다. 이를 방지하기 위해서는 필요한 치면 강도를 확보해야 한다.

(1) 평기어, 헬리컬 기어

- $F_t \leq F_{tlim}$: 기준 피치원 원주력 ≤ 허용 헤르츠 응력에 의한 허용 원주력
- $\sigma_H \leq \sigma_{Hlim}$: 헤르츠 응력 ≤ 허용 헤르츠 응력
- 헤르츠 식 :

$$F_{tlim}(kgf) = \sigma_{Hlim}^2 d_{o1} b_H \frac{i}{i \pm 1} \left(\frac{K_{HL} Z_L Z_R Z_V Z_W K_{HX}}{Z_H Z_M Z_\varepsilon Z_\beta} \right)^2 \frac{1}{K_{H\beta} K_V K_O} \times \frac{1}{S_H^2}$$

- 외 기어 + 외 기어 : $\dfrac{i}{i+1}$
- 외 기어 + 내 기어 : $\dfrac{i}{i-1}$
- 외 기어 + 랙 : 1

① b_H : 유효 이 너비(mm)

② Z_H : 영역 계수(그림 2)

$$Z_H = \sqrt{\frac{2\cos\beta_o \cos\alpha_{bs}}{\cos^2\alpha_s \sin\alpha_{bs}}} = \frac{1}{\cos\alpha_s} \sqrt{\frac{2\cos\beta_o}{\tan\alpha_{bs}}}$$

$\beta_o = \tan^{-1}(\tan\beta\cos\alpha_s)$: 기초 원통 비틀림각(°)

α_{bs} : 정면 맞물림 압력각(°) – 인벌류트 함수표에서 구함

$\alpha_s = \tan^{-1}\left(\dfrac{\tan\alpha_n}{\cos\beta} \right)$: 정면 기준 압력각

α_n : 치 직각 압력각

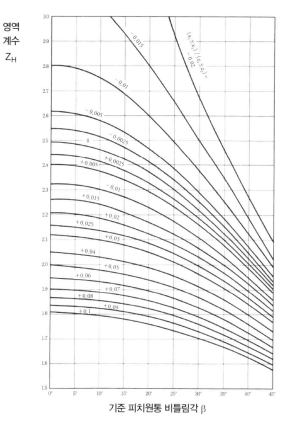

그림 2 영역 계수

③ Z_M : 재료 정수 계수

$$Z_M = \sqrt{\cfrac{1}{\pi\left(\cfrac{1-v_1^2}{E_1} + \cfrac{1-v_2^2}{E_2}\right)}}$$

v : 푸아송비

E : 종탄성 계수(영 율)$(\mathrm{kgf/mm^2})$

▌**표 5** 각종 재료의 주요 계수

기어 1			기어 2			재료 정수 계수
재료	종탄성 계수	푸아송 비	재료	종탄성 계수	푸아송 비	
구조용 탄소강 합금강	21,000	0.3	구조용 탄소강, 합금강	21,000	0.3	60.6
			주강	20,500		60.2
			구상 흑연 주철	17,600		57.9
			회주철	12,000		51.7
주강	20,500	0.3	주강			59.9
			구상 흑연 주철			57.6
			회주철			51.5
구상 흑연 주철	17,600	0.3	구상 흑연 주철			55.5
			회주철			50.5
회주철	12,000	0.3	회주철			45.8

④ Z_ε : 맞물림률 계수

- 평기어 : $Z_\varepsilon = 1$

- 헬리컬 기어 : $\varepsilon_\beta \le 1$인 경우 $Z_\varepsilon = \sqrt{1 - \varepsilon_\beta + \dfrac{\varepsilon_\beta}{\varepsilon_\alpha}}$

    $\varepsilon_\beta > 1$인 경우 $Z_\varepsilon = \sqrt{\dfrac{1}{\varepsilon_\alpha}}$

    ε_α : 정면 맞물림률

    ε_β : 겹치기 맞물림률 $= \dfrac{b_H \sin\beta}{\pi m_N}$

⑤ Z_β : 치면 강도에 대한 비틀림각 계수

정확하게 규정하는 것이 곤란하므로 1로 한다.

⑥ K_{HL} : 수명 계수

표 6 수명 계수

반복 횟수	수명 계수
10,000 이하	1.5
100,000 전후	1.3
10^6 전후	1.15
10^7 이상	1.0

⑦ Z_L : 윤활유 계수

사용 윤활유의 50℃에서의 동점도에 기초하여 그림 3으로부터 구한다.

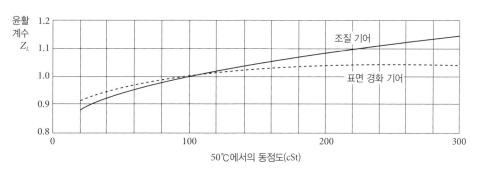

그림 3 윤활유 계수

조질 처리 기어에는 QT 처리 기어 및 불림 처리 기어 포함

⑧ Z_R : 조도 계수

치면의 평균 조도 $R_{\max m}(\mu m)$에 기초하여 그림 4로부터 구한다.

$$R_{\max m} = \frac{R_{\max 1} + R_{\max 2}}{2} \times \sqrt[3]{\frac{100}{a}}\ \mu m$$

$R_{\max 1}$: 기어 1의 치면 조도
$R_{\max 2}$: 기어 2의 치면 조도
a : 중심 거리

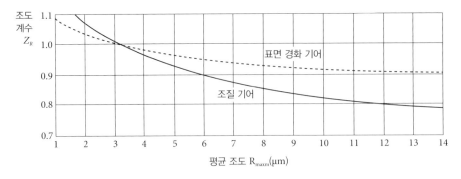

그림 4   조도 계수

⑨ Z_V : 윤활 속도 계수

기준 피치원상의 원주 속도에 기초하여 그림 5로부터 구한다.

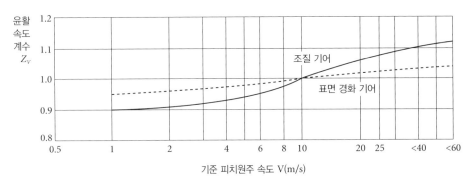

그림 5   윤활 속도 계수

⑩ Z_W : 경도비 계수

열처리 후 연삭된 작은 기어와 맞물리는 큰 기어에만 적용한다.

$$Z_W = 1.2 - \frac{H_{B2} - 130}{1700}$$

H_{B2} : 큰 기어의 치면 브리넬 경도

$130 \leq H_{B2} \leq 470$일 때 적용

이 외에는 1.0으로 함

⑪ K_{HX} : 치수 계수

정확히 규정하는 자료 부족으로 1로 한다.

⑫ $K_{H\beta}$: 치근 하중 분포 계수

• 부하 시 치 접촉을 예측할 수 없는 경우 : 기어의 지지 방법, 이 너비와 작은 기어의 피치원 직경 d_{o1} 과의 비 $\dfrac{b}{d_{o1}}$의 값에 의해 아래 표로부터 구한다.

▌표 7   치근 하중 분포 계수

$\dfrac{b}{d_{o1}}$	양측 지지			편측 지지
	양쪽 베어링의 중심	한쪽 베어링에 가깝고 축 강성 대	한쪽 베어링에 가깝고 축 강성 소	
0.2	1.0	1.0	1.1	1.2
0.4	1.0	1.1	1.3	1.45
0.6	1.05	1.2	1.5	1.65
0.8	1.1	1.3	1.7	1.85
1.0	1.2	1.45	1.85	2.0
1.2	1.3	1.6	2.0	2.15
1.4	1.4	1.8	2.1	−
1.6	1.5	2.05	2.2	−
1.8	1.8	−	−	−
2.0	2.1	−	−	−

• 부하 시 치 접촉이 좋은 경우 : $K_{H\beta} = 1.0 - 1.2$

⑬ K_V : 동하중 계수(표 3)

⑭ K_O : 과부하 계수(표 4)

⑮ S_H : 치면 손상에 관한 안전율

   $S_H \geq 1.15$

⑯ σ_{Hlim} : 허용 헤르츠 응력(표 8~12 참조)

③ 중요 기어 재료의 주요 기계적 성질

(1) 표면 경화하지 않은 기어

■ 표 8 기계적 성질

재료			경도		인장 강도 하한 MPa	σ_a (허용 굽힘 응력) MPa	σ_{Hlim} (허용 헤르츠 응력) MPa
			중심부 (H_B)	치면 (Hv)			
주강 기어	SC	37			363	102	333
		49			480	139	363
탄소강 불림 처리	SM	25C	120~180		382	135	407
		35C	150~210		470	165	431
		43C	160~230		500	172	456
		48C	180~230				
		53C	180~250		568	186	480
		58C	180~250				
탄소강 QT 처리	SM	35C	160~240		500	178	500
		43C	200~270		627	216	559
		48C	210~270		666	225	573
		53C	230~290		725	235	598
		58C	230~290				
합금강 QT 처리	SMn	443	220~300		725	255	701
	SNC	836	270~320		853	304	760
	SCM	435	270~320		853	304	760
		440	280~340		882	314	774
	SNCM	439	290~350		911	323	794

(2) 고주파 경화된 기어(치면 경도 H_V 550 이상)

▌ 표 9 기계적 성질

재료				경도		인장 강도 하한 MPa	σ_a (허용 굽힘 응력) MPa	σ_{Hlim} (허용 헤르츠 응력) MPa
				중심부(H_B)	치면(Hv)			
구조용 탄소강	불림	SM	43C	160~220	420~600		206	755
			48C	180~240			206	
	QT	SM	43C	200~250	500~680		225	941
			48C	210~250			230	
구조용 합금강	QT	SCM	435	270~320	500~680		304	1,068
			440	240~290			275	
		SMn	443	240~300			275	
		SNC	836	270~320			304	
		SNCM	439	270~310			304	

(3) 침탄 경화된 기어

▌ 표 10 기계적 성질

재료		경도		인장 강도 MPa	σ_a (허용 굽힘 응력) MPa	σ_{Hlim} (허용 헤르츠 응력) MPa
		중심부(H_B)	치면(Hv)			
탄소강 불림	S15C~S15CK	140~190	580~800		178	1,107
합금강 불림	SCM 415	230~320	580~800 (HRC55)		353	• 비교적 얕은 경우 : 1,284 • 비교적 깊은 경우 : 1,431
	SCM 420	260~340			420	
	SNCM 420	290~370			441	
	SNC 415	230~320			353	
	SNC 815	280~370			431	

침탄 층이 매우 얇은 경우에는 표면 경화하지 않은 불림 또는 QT 처리된 기어의 σ_a를 사용한다.

■ 표 11 모듈별 침탄 경화 깊이

모듈	1.5	2	3	4	5	6	8	10	15	20
비교적 얕은 깊이(mm)	0.2	0.2	0.3	0.4	0.5	0.6	0.7	0.9	1.2	1.5
비교적 깊은 깊이(mm)	0.3	0.3	0.5	0.7	0.8	0.9	1.1	1.4	2.0	2.5

(4) 질화 기어[치면 경도 H_v 650(HRC58) 이상]

■ 표 12 기계적 성질

재료	경도		인장 강도	σ_a (허용 굽힘 응력) MPa	σ_{Hlim} (허용 헤르츠 응력) MPa
	중심부(H_B)	치면(Hv)			
질화강 이외의 구조용 합금강	220~360	650 (HRC58)		294	1,176
질화강 SACM 645	220~300			314	

(5) 연질화 기어

① 허용 굽힘 응력 : 연질화 등으로 질화층이 매우 얇은 경우에는 표면 경화하지 않은 기어의 σ_a를 사용한다.

② 허용 헤르츠 응력 : 질화 시간에 따라 다르다.
- 2시간 : 784MPa
- 4시간 : 882MPa
- 6시간 : 980MPa

③ 일반적인 표면 경화 깊이

방법	깊이(mm)
침탄	0.1~0.23
질화	0.25~0.55
고주파	0.3~0.55
화염	0.3~0.55
레이저	0.1 이하

(6) 기타 기어 재료의 기계적 성질

		인장 강도 (MPa)	허용 굽힘 응력 (MPa)	경도(HB)	비고
일반 구조 압연강	SS400	400	130		저강도 저가격
주철	GC200 GCD500	200 500	67 167	223 150~230	대량 생산 기어 대량 주조 기어
스테인리스강	STS303 304	520 520	173 173	187 187	식품 기계
	316	520	173	187	내식용
	420J2 440C	540	180	217 HRC 58	
쾌삭 황동	C3604	335	112	Hv 80	소형 기어
인청동 주물	CAC502	295	98	Hv 80	웜 휠
알루미늄 청동 주물	CAC702	540	180	Hv 120	웜 휠
폴리아미드 (상품명 : MC 나일론)	MC901 602ST	96 96	39	HRR 120	기계 가공 기어
폴리아세탈 (상품명 : 두라콘)	M90	62	21	HRR 80	사출 성형 기어

부록 B 실습 자료 2

1 풀리의 크기

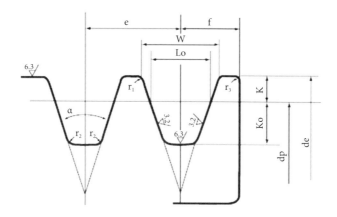

벨트형	피치원 지름	a	W	Lo	K	Ko	e	f	r_1	r_2	r_3	벨트 두께
M	$50 \leq dp \leq 71$	34	9.65	8.0	2.7	6.3	–	9.5				5.5
	$71 < dp \leq 90$	36	9.75									
	$90 < dp$	38	9.86									
A	$71 \leq dp \leq 100$	34	11.95	9.2	4.5	8.0	15.0	10.0	0.2 ~ 0.5	0.5 ~ 1.0	1 ~ 2	9
	$100 < dp \leq 125$	36	12.12									
	$125 < dp$	38	12.30									
B	$125 \leq dp \leq 160$	34	15.86	12.5	5.5	9.5	19.0	12.5				11
	$160 < dp \leq 200$	36	16.07									
	$200 < dp$	38	16.29									
C	$200 \leq dp \leq 250$	34	21.18	16.9	7.0	12.0	25.5	17.0		1.0 ~ 1.6	2 ~ 3	14
	$250 < dp \leq 315$	36	21.45									
	$315 < dp$	38	21.72									

벨트형	피치원 지름	a	W	Lo	K	Ko	e	f	r₁	r₂	r₃	벨트 두께
D	355 ≤ dp ≤ 450	36	30.77	24.6	9.5	15.5	37.0	24.0	0.2 ~ 0.5	1.6 ~ 2.0	3 ~ 4	19
	450 < dp	38	31.14									
E	500 ≤ dp ≤ 630	36	36.95	28.7	12.7	19.3	44.5	29.0			4 ~ 5	25.5
	630 < dp	38	37.45									

- W는 표준 값
- M형은 원칙적으로 1 가닥만 사용

② 체인

RS15, RS25, RS37, RS41, RS35, RS40, RS50~RS240

▌RS25-1 동력 전달 능력표(1열 체인의 동력 전달 kW)

작은 스프라켓 회전 속도 r/min

잇수	50	100	300	500	700	900	1200	1500	1800	2100	2500	3000	3500	4000	4500	5000	5500	6000	6500	7000	7500	8000	8500	9000	10000
9	0.02	0.03	0.08	0.13	0.18	0.23	0.30	0.36	0.43	0.49	0.57	0.67	0.78	0.76	0.64	0.55	0.47	0.41	0.37	0.33	0.30	0.27	0.25	0.23	0.19
10	0.02	0.04	0.10	0.15	0.20	0.26	0.33	0.41	0.48	0.55	0.64	0.76	0.87	0.89	0.75	0.64	0.55	0.49	0.43	0.39	0.35	0.32	0.29	0.26	0.23
11	0.02	0.04	0.11	0.17	0.23	0.28	0.37	0.45	0.53	0.61	0.71	0.84	0.96	1.03	0.86	0.74	0.64	0.56	0.50	0.44	0.40	0.36	0.33	0.30	0.26
12	0.02	0.04	0.12	0.18	0.25	0.31	0.40	0.49	0.58	0.67	0.78	0.92	1.06	1.17	0.98	0.84	0.73	0.64	0.57	0.51	0.46	0.41	0.38	0.35	0.30
13	0.03	0.05	0.13	0.20	0.27	0.34	0.44	0.54	0.63	0.73	0.85	1.00	1.15	1.30	1.11	0.95	0.82	0.72	0.64	0.57	0.52	0.47	0.43	0.39	0.33
14	0.03	0.05	0.14	0.22	0.29	0.37	0.48	0.58	0.69	0.79	0.92	1.09	1.25	1.41	1.24	1.06	0.92	0.80	0.71	0.64	0.58	0.52	0.48	0.44	0.37
15	0.03	0.05	0.15	0.23	0.32	0.40	0.51	0.63	0.74	0.85	0.99	1.17	1.35	1.52	1.37	1.17	1.02	0.89	0.79	0.71	0.64	0.58	0.53	0.49	0.41
16	0.03	0.06	0.16	0.25	0.34	0.43	0.55	0.67	0.79	0.91	1.07	1.26	1.44	1.63	1.51	1.29	1.12	0.98	0.87	0.78	0.70	0.64	0.58	0.54	0.46
17	0.03	0.06	0.17	0.27	0.36	0.45	0.59	0.72	0.85	0.97	1.14	1.34	1.54	1.74	1.66	1.42	1.23	1.08	0.95	0.85	0.77	0.70	0.64	0.59	0.50
18	0.04	0.07	0.18	0.28	0.39	0.48	0.63	0.76	0.90	1.04	1.21	1.43	1.64	1.85	1.81	1.54	1.34	1.17	1.04	0.93	0.84	0.76	0.70	0.64	0.55
19	0.04	0.07	0.19	0.30	0.41	0.51	0.66	0.81	0.96	1.10	1.28	1.51	1.74	1.96	1.96	1.67	1.45	1.27	1.13	1.01	0.91	0.83	0.75	0.69	0.59
20	0.04	0.07	0.20	0.32	0.43	0.54	0.70	0.86	1.01	1.16	1.36	1.60	1.84	2.07	2.11	1.81	1.57	1.37	1.22	1.09	0.98	0.89	0.81	0.75	0.64
21	0.04	0.08	0.21	0.34	0.45	0.57	0.74	0.90	1.06	1.22	1.43	1.69	1.94	2.18	2.28	1.94	1.68	1.48	1.31	1.17	1.06	0.96	0.88	0.80	0.69
22	0.04	0.08	0.22	0.35	0.48	0.60	0.78	0.95	1.12	1.29	1.50	1.77	2.04	2.30	2.44	2.08	1.81	1.58	1.41	1.26	1.13	1.03	0.94	0.86	0.74
23	0.05	0.09	0.23	0.37	0.50	0.63	0.82	1.00	1.17	1.35	1.58	1.86	2.14	2.41	2.61	2.23	1.93	1.69	1.50	1.34	1.21	1.10	1.00	0.92	0.79
24	0.05	0.09	0.25	0.39	0.53	0.66	0.85	1.04	1.23	1.41	1.65	1.95	2.24	2.52	2.78	2.37	2.06	1.81	1.60	1.43	1.29	1.17	1.07	0.98	0.84
25	0.05	0.10	0.26	0.41	0.55	0.69	0.89	1.09	1.28	1.48	1.73	2.03	2.34	2.64	2.93	2.52	2.19	1.92	1.70	1.52	1.37	1.25	1.14	1.04	0.89
26	0.05	0.10	0.27	0.42	0.57	0.72	0.93	1.14	1.34	1.54	1.80	2.12	2.44	2.75	3.06	2.68	2.32	2.04	1.81	1.62	1.46	1.32	1.21	1.11	0.95
28	0.06	0.11	0.29	0.46	0.62	0.78	1.01	1.23	1.45	1.67	1.95	2.30	2.64	2.98	3.31	2.99	2.59	2.28	2.02	1.81	1.63	1.48	1.35	1.24	1.06
30	0.06	0.12	0.31	0.49	0.67	0.84	1.09	1.33	1.56	1.80	2.10	2.48	2.85	3.21	3.57	3.32	2.88	2.52	2.24	2.00	1.81	1.64	1.50	1.37	1.17
32	0.07	0.12	0.33	0.53	0.72	0.90	1.16	1.42	1.68	1.93	2.25	2.66	3.05	3.44	3.83	3.65	3.17	2.78	2.47	2.21	1.99	1.81	1.65	1.51	1.29
35	0.07	0.14	0.37	0.58	0.79	0.99	1.28	1.57	1.85	2.12	2.48	2.93	3.36	3.79	4.21	4.18	3.62	3.18	2.82	2.52	2.28	2.07	1.89	1.73	1.48
40	0.08	0.16	0.43	0.67	0.91	1.14	1.48	1.81	2.13	2.45	2.87	3.38	3.88	4.38	4.87	5.11	4.43	3.89	3.45	3.08	2.78	2.52	2.30	2.11	1.81
45	0.10	0.18	0.48	0.77	1.04	1.30	1.68	2.06	2.42	2.78	3.26	3.84	4.41	4.97	5.53	6.08	5.28	4.64	4.11	3.68	3.32	3.01	2.75	2.52	2.15

부록 C   실습 자료 3

주요 모터의 토크 – 회전수 선도

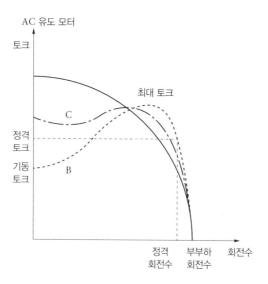

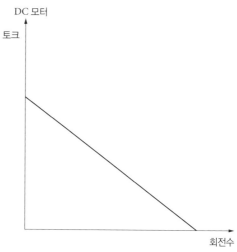

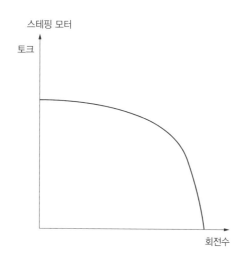

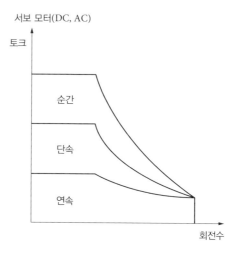

부록 D 실습 자료 4

1 O-링 홈의 치수

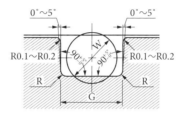

그림 1 사각 홈

▌표 1

O-링 호칭 치수	O-링 치수		O-링 홈 치수					
					홈 깊이		홈 폭	R
	굵기	내경 d	내경 d	외경 D	원통면 고정용, 운동용	평면 고정용	G	
P3~P10	1.9 ± 0.08	호칭 치수 -0.2	호칭 치수와 같음	호칭 치수 +3	(외경-내경)/2 $\dfrac{(D-d)}{2}$ 공차 $\begin{matrix}0\\-0.05\end{matrix}$	1.4 ± 0.05	2.5 +0.25 0	0.4
P10A~P18	2.4 ± 0.09			+4		1.8	3.2	0.4
P20~P22								
P22A~P40	3.5 ± 0.1	-0.3		+6		2.7	4.7	0.7
P41~P50								
P48A~P70	5.7 ± 0.13	-0.4		+10		4.6	7.5	0.8
P71~P125								
P130~P150								
P150A~P180	8.4 ± 0.15	-0.5		+15		6.9	11.0	0.8
P185~P300								
P315~P400								

운동용 고정용

(계속)

O-링 호칭 치수		O-링 치수		O-링 홈 치수					
						홈 깊이		홈 폭	R
		굵기	내경 d	내경 d	외경 D	원통면 고정용, 운동용	평면 고정용	G	
고정용	G25-G40	3.1 ± 0.1	-0.6	호칭 치수와 같음	+5	(외경-내경)/2 $\frac{(D-d)}{2}$ 공차 0 -0.05	2.4	4.1	0.7
	G45-G70								
	G75-G125								
	G130-G145								
	G150-G180	5.7 ± 0.13	-0.7		+10		4.6	7.5	0.8
	G185-G300								
진공용	V15-V175	4.0 ± 0.1			+10	3.0 ± 0.1		5.0 +0.1 0	
	V225-V430	6.0 ± 0.15			+16	4.5		8.0	
	V480-V1055	10.0 ± 0.3			+24	7.0		12.0	

2 O-링 홈 면의 표면 거칠기

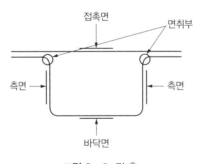

그림 2 O-링 홈

■ 표 2 O-링 홈의 표면 거칠기

				Ra	Rz
측면 및 바닥면	고정용	맥동 ○		1.6	6.3
		맥동 ×	평면	3.2	12.5
			원통면	1.6	6.3
	운동용	백업 링	사용 ×	0.8	3.2
			사용 ○	1.6	6.3
접촉면	고정용	맥동	○	0.8	3.2
			×	1.6	6.3
	운동용			0.4	1.6
면취부				3.2	12.5

③ 오일 실용 축의 조건

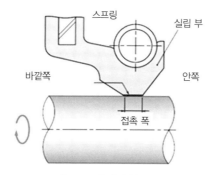

그림 3 오일 실과 축의 접촉

- 축의 표면 경도 : HRC 30 이상

■ 표 3 축의 표면 거칠기

원주 속도 m/sec	Ra(μm)	Rz(μm)
5 미만	0.8	3.2
5~10	0.4	1.6
10 이상	0.2	0.8

▌표 4   축의 치수 공차 및 ϕd_1, 모따기(면취)

축 지름	ϕd_1	축 지름	ϕd_1	축 지름	ϕd_1
< 10	d−1.5	50~70	4.0	300~500	12
10~20	2.0	70~95	4.5	500~800	14
20~30	2.5	95~130	5.5	800~1250	18
30~40	3.0	130~240	7.0	1250~2000	20
40~50	3.5	240~300	11.0		

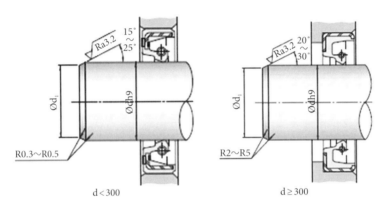

그림 4   오일 실과 축의 조립

④ 오일 실 하우징의 조건

▌표 5   표면 거칠기 및 직경 공차

		Ra	Rz
내측면 표면 거칠기	외측이 금속	0.4~3.2	1.6~12.5
	외측이 고무	1.6~3.2	6.3~12.5
직경의 공차	≤ 400mm	H8	
	> 400mm	H7	

부록 E   실습 자료 5

표면처리의 종류

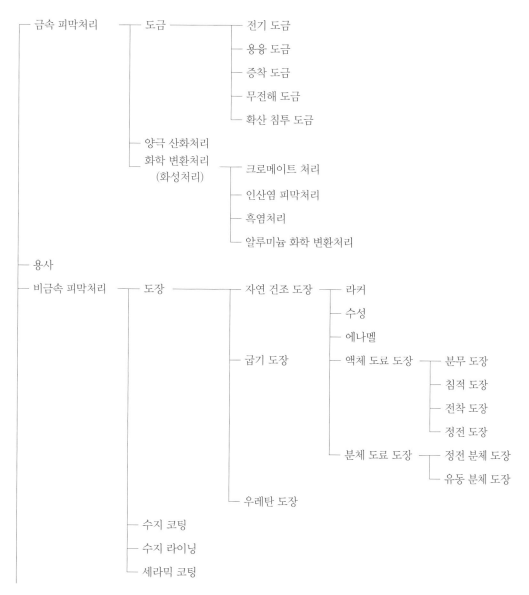

(계속)

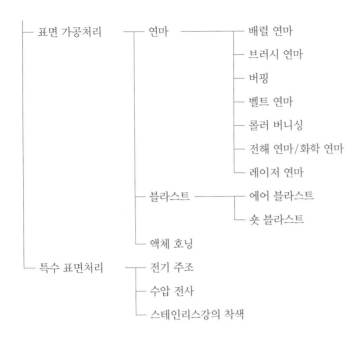

├─ 표면 가공처리 ┬─ 연마 ──┬─ 배럴 연마
│   │   ├─ 브러시 연마
│   │   ├─ 버핑
│   │   ├─ 벨트 연마
│   │   ├─ 롤러 버니싱
│   │   ├─ 전해 연마/화학 연마
│   │   └─ 레이저 연마
│   ├─ 블라스트 ─┬─ 에어 블라스트
│   │   └─ 숏 블라스트
│   └─ 액체 호닝
└─ 특수 표면처리 ┬─ 전기 주조
                ├─ 수압 전사
                └─ 스테인리스강의 착색

부록 F 실습 자료 6

1 재료의 강화

강화 방법	종류	대상 재료
합금 원소의 고용에 의한 강화	담금	기계 구조용 탄소강 및 합금강, 공구강, 고장력강, 저합금 초강력강(저온 뜨임)
	용체화 처리	고장력강, 알루미늄 합금, 마그네슘 합금, 베릴륨동, 티타늄동, 크롬동
경질의 미세입자를 분산 석출시키는 방법	용체화 처리 후 시효에 의한 석출 강화	고장력강, 고합금 초강력강, 석출 경화계 스테인리스강, 알루미늄 합금, 마그네슘 합금, 베릴륨동, 티타늄동, 크롬동
결정입자 미세화	불림	기계 구조용 탄소강, 고장력강
냉간 가공에 의한 경화	가공 경화	냉간 압연 강판, 알루미늄 합금, 마그네슘 합금, 동 합금
복합화	기지 + 섬유	FRP, FRM, C/C

오스테나이트계 및 2상계 스테인리스강의 고용화 처리는 용체화 처리와 방법은 비슷하지만 목적은 강의 풀림 처리와 비슷하여 재료의 강화는 아님

2 강의 일반 열처리 목적과 방법

목적	방법	종류
고용 강화	담금	수냉, 유냉, 오스템퍼, 마르켄칭, 마르템퍼
조직 미세화	불림, 고온 뜨임	
연화	풀림, 고온 뜨임	완전 풀림, 공정 풀림, 고용화 처리(A-STS)
균질화, 안정화	불림, 고온 뜨임	
잔류 응력 제거	저온 풀림, 저온 뜨임	응력 제거 풀림
흑연 덩어리 구상화	풀림	구상화 풀림

- 가공 열처리 : 제어 압연, 열가공 제어, 특수 가공 열처리, 단조 담금, 고온 가공 열처리, 오스 포밍, 파텐팅, 가공 유기 변태(A계 STS)
- QT 후 인장 강도(MPa)=980C+980(C+0.4)+98Si+245Mn+118Cr+294Mo+59Ni+20W+588V 단, 조건 : C<0.9, Si<1.8, Mn<1.1, Cr<1.8, Ni<5, V<2)
- 불림 및 풀림 후 인장 강도(MPa)=9.8(20+100×C%)

- 압연 그대로(생재), 고장력강의 불림 후 인장 강도(MPa)=9.8(61×Ceq+24.3)±3.5

$$Ceq=C+Mn/5+Si/7+Cu/7+Mo/2+Cr/9+V/2+Ni/20$$

- 경도=F(C%) : 최고 담금 경도(HRC)=30+50×C%, 풀림한 강의 경도 HS=10+50×C%, HB=80+200×C%
- 경화 깊이=F(C%, 합금 원소, 결정 입도)

3 일반 열처리

(1) 담금(quenching, 소입)

① 재료 강화 및 경화 : 기계 구조용 강, 공구강
② 재료별 담금 직경 존재

(2) 뜨임(tempering, 소둔)

① 고온 뜨임 : 기계 구조용 강 등 강인성이 요구되는 강에 담금 후 뜨임 처리
② 저온 뜨임 : 탄소 공구강, 합금 공구강(열간 금형용 제외) 등 경도와 내마모성이 요구되는 강에 담금 후 뜨임 처리

(3) 불림(normalizing, 소준)

① 주조, 단조, 압연된 소재 : 과열에 의한 이상 조직 및 탄화물의 국부적 응집, 결정립의 조대화 발생 → 가열 후 공랭 → 전체가 미세 조직화 → 강도 및 인성 향상, 잔류 응력도 제거
② 담금 임계 직경을 넘는 크기의 강에 대한 담금 및 뜨임 대용

(4) 풀림(annealing, 소려)

① 주강, 강괴, 열간 압연, 열간 단조 : 결정립 조대화 → 기계적 성질 저하 → 결정립 및 조직을 조정하여 성분 원소 및 불순물의 편석을 확산에 의해 제거 : 완전 풀림
② 주조, 용접 : 잔류 응력 발생 → 변형 → 잔류 응력 제거 : 응력 제거 풀림
③ 냉간 압연 : 가공 경화 발생 → 후가공 어려움 → 소성 가공성, 피삭성 개선 : 공정 풀림(저온 풀림)

(5) 서브제로 처리

① 고탄소강의 잔류 오스테나이트 감소

(6) 고용화 처리(solution treatment)

① A계 STS 냉간 가공, 용접 : 내부 응력 발생
    열간 가공+용접 : 크롬 탄화물(입계 부식의 원인)과 σ상(크롬이 45% 정도인 Fe-Cr 합금으로 부서지기 쉬움)이 석출

② 위 원인을 제거 : 연성 개선, 내식성 향상

③ 일정 온도까지 가열 → 일정 시간 온도 유지 → 전체가 오스테나이트 조직으로 된 다음-급랭 → 내식성이 뛰어난 석출물 없는 오스테나이트 조직

④ 가열 온도 : 920~1,150℃

4 강종별 일반 열처리

(1) 기계 구조용 탄소강 : 담금, 뜨임, 불림, 풀림

(2) 기계 구조용 합금강 : 담금, 뜨임, 풀림

(3) 스테인리스강

① 오스테나이트계
- 고용화 처리 : 전 공정에서 생긴 마르텐사이트 및 변형을 제거하고 크롬 탄화물을 고용하여 분해시켜 오스테나이트 단일상으로 만들어 뛰어난 내식성과 가공성을 확보
- 안정화 처리 : 안정화 원소인 Ti, Nb을 첨가한 STS316Ti, 321, 347 대상 : Ti, Nb과 C가 반응하여 석출물로 되어 고용 C량을 감소 → 크롬 탄화물의 입계 석출 방지 → 내 입계 부식성 향상

② 2상계(오스테나이트 + 페라이트계)
- 고용화 처리

③ 페라이트계
- 풀림 : 전 공정에서 발생한 변형 및 응력 제거 → 내식성과 가공성 확보

④ 마르텐사이트계
- 담금과 뜨임
- 풀림 : 전 공정에서 발생한 변형 및 응력 제거 → 내식성과 가공성 확보

⑤ 석출경화계
- 고용화 처리 후 석출 경화 처리 → 미세한 제2상 석출 → 강도 향상

	고용화 처리	석출 경화 처리
STS630	저탄소인 연질 마르텐사이트로 만듦	Cu-rich상
STS631	준안정 오스테나이트로 만듦	Ni-Al의 금속 간 화합물 석출

(4) 베어링강(고탄소 고크롬강)

- 5 블룸 및 잉곳 : 균열 확산처리(soaking) 실시 : 큰 탄화물 제거 → 열간 압연된 굵은 환봉(가는 환봉,

선재 ×) : 불림 실시 : 그물 모양 탄화물 성장 억제 → 구상화 풀림 처리 : 절삭 및 냉간 가공을 위한 경도 감소 → 가공 후 담금과 저온 뜨임 처리

(5) 스프링강 중 SPS(열간 성형 스프링용 강)

① 높은 탄성 한도 및 피로 한도 : 0.2% 내력이 1,080MPa 이상
② 세팅 저항 : 탄성 한도 이하의 응력에서도 장시간 변형이 작용하면 원래 상태로 돌아오지 않는 소성 변형이 생기는 것에 대한 저항성
③ 제조 공정 : 가공 → 가열 → 코일링 → 담금 → 뜨임 → 세팅 → 숏 피닝 → 도장 → 하중 선별

(6) 공구강

① 탄소 공구강 : 담금(780℃ 전후) 후 저온 뜨임
② 합금 공구강
• 냉간 금형용 : 담금 후 서브제로 처리, 저온 뜨임
• 열간 금형용 : 담금 후 고온 뜨임
③ 고속도 공구강 : 담금(1,200℃ 전후) 후 뜨임(560℃ 전후) 2회 실시. 단 Co 포함 시 3회 실시

(7) 고장력강 : 탄소량 0.18% 이하인 압연강에 Ni, Cr, Mo, Mn, Si 첨가

① 담금 후 뜨임 : ≥588MPa
② 고용 강화, 석출 강화 : ≤588MPa

(8) 초강력강

① 저합금 초강력강(SNCM 개량강) : 담금 후 저온 뜨임
② 중합금 초강력강(STD6 개량강) : 담금 후 고온 뜨임에 의한 2차 경화
③ 고합금 초강력강 : 용체화 처리 후 시효에 의한 석출 경화

(9) 알루미늄 합금

기호	열처리 내용
H1X	냉간 가공 경화. X 숫자만큼 가공도 큼. A1060-H14＋가공 능력 50%, A1060-H19 : 가공 능력 100%
H2X	냉간 가공 경화＋불림
H3X	냉간 가공 경화＋안정화 처리. 안정화 처리＋경년 변화를 방지하기 위해 사용 온도보다 30~55℃ 높은 온도로 가열
F	압연 압출 주조 상태 그대로

기호	열처리 내용
O	풀림 처리(340~410℃)
T3	용체화 처리(450~550℃) + 가공 경화 + 자연 시효(상온 시효)
T4	용체화 처리(450~550℃) + 자연 시효(상온 시효)
T5	단조 주조 온도에서 급랭한 후 시효 경화
T6	용체화 처리 + 최고 강도를 얻는 온도에서 시효 경화
T7	용체화 처리 + 최고 강도를 얻는 온도 이상에서 시효 경화 : 안정화 및 내식성 부여
T8	용체화 처리 + 냉간 가공 + 시효 경화
T9	용체화 처리 + 시효 경화 + 냉간 가공

- 용체화 처리 : 500℃로부터 급랭. 담금과 유사
- 비열처리형 : A1000, A3000, A4043, A5000
- 열처리형 : A2000, A4032, A6000, A7000

(10) 마그네슘 합금 : 알루미늄 합금과 동일

(11) 황동

기호	열처리 내용
O	
F	
OL	
1/8H	인장 강도가 위의 O와 1/4H의 중간이 되도록 가공 경화처리된 것
1/4H, 1/2H, 3/4H	
H	인장 강도가 최대가 되도록 가공 경화처리된 것
SR	뒤틀림을 잡기 위한 열처리

(12) 티타늄 합금

① 내식 합금 : 풀림
② α 합금 : 풀림 또는 용체화 처리 + 시효
③ $\alpha + \beta$ 합금 : 풀림 또는 용체화 처리 + 시효
④ Nearα 합금 : 풀림 또는 2단 풀림
⑤ Near β 합금 : 용체화 처리 + 시효
⑥ β 합금 : 용체화 처리 + 시효

5 일반 열처리 후 경도

재료	경도(HB) N	경도(HB) QT	경도(HRC)	재료	QT(HB)	재료	A(HB)	QT(HRC)	재료	QT(HRC)
SM10CK	109~156			SCr415	217~302	STC140	<217	>63	STS42	>55
SM09CK		121~179		SCr420	235~321	STC120	212	63	STS43	63
>SM15C	111~167			SCr435	255~321	STC105	212	63	STS44	60
SM15CK		143~235		SCr440	269~331	STC95	207	61	STS3	60
SM20C	116~174			SCr445	285~352	STC85	207	59	STS93	63
SM20CK		159~241		SCM415	235~321	STC75	201	56	STD11	61
SM25C	123~183			SCM420	262~341	STC65	201	54	STD12	61
SM30C	137~197	152~212		SCM435	269~321	STS1		>63	STD61	53
SM35C	149~207	167~235		SCM440	285~341	STS11		62	STF4	42
SM45C	167~229	201~269		SCM445	302~363	STS2		61	SKH51, 55, 57	55~62
SM50C	179~235	212~277		SNC415	235~341	STS21		61	분말 하이스	58~72
SM55C	183~255	229~285		SNC631	248~302	STS5		45	매트릭스 하이스	56~62
SM58C	183~255	229~185		SNCM220	248~341	STS7		62		
STB1, 2, 4	<201		구상화	SNCM415	255~341	STS8		63		
STB3, 5	207			SNCM420	293~375	STS4		56		
				SNCM439	293~352	STS41		53		

재료	인장 강도(MPa)	고용화 경도(HB)	재료	QT 인장 강도	QT 경도(HB)	HRC	재료	고용화 경도	석출 경화 경도
STS303	>520	<187	STS403	>590	>170		STS630	<363	277~375
STS304	>520		STS410	>540	159		STS631	229	363~388
STS310S	>520		STS420J2	>740	217				
STS316	>520		STS440C			>58			
STS316L	>480								

6 표면 경화처리

종류	경화 깊이	표면 경도	처리 온도	처리 시간	처리 수량	경화 형태 부분/전체	적용 재료	특징
침탄(탄소)	표면 0.7mm	750HV 550HV	900~1,000℃	길다. 3~4시간			• 저탄소 기계 구조용 탄소강 • 저탄소 기계 구조용 합금강	
질화(질소)	표면 0.2mm 0.3mm	1200HV 1000HV 750HV	400~580℃	매우 길다. 50~72시간	소량~대량	부품 전체	• 기계 구조용 탄소강 및 합금강 중 0.4%C인 것. 질화강·스테인리스강	저변형
연질화 (질소+탄소)	0.02mm	500HV	550~600℃				• 대부분의 강	
침탄질화 (탄소+질소)	0.1~0.8mm		850℃	조금 짧다.			• 저탄소 기계 구조용 탄소강	
고주파	3.5mm	450HV	담금 온도 +50℃	짧다.	대량		• 고탄소 기계구조용 탄소강 및 합금강 • 주철	복잡 형상은 곤란
화염	1~5mm				소량	부분	• 기계 구조용 탄소강 • 주철	이동성 부정확
레이저	0.2~0.3mm	700HV		매우 짧다.	대량		• 고탄소 기계 구조용 탄소강 및 합금강 • 주철	거의 무변형 값은 곳도 가능 정밀

(1) 침탄

침탄처리(0.2% → 0.8% 정도) 후 담금, 저온 뜨임. 산소가 나쁜 영향을 주므로 고급강(killed강)일수록 경화층의 품질이 높다. 침탄 방지제 도포에 의해 국부적 경화 방지 가능

(2) 고온 침탄

1,100℃ 부근의 고온에서 침탄 : 침탄 시간 단축

(3) 고농도 침탄(고탄소 침탄, Carbide Dispersion 침탄)

침탄 농도를 2~3% 정도로 올려 마르텐사이트 모재에 입상 탄화물을 생성, 분산시키는 방법. 기존 침탄 부품에 비해 표면 경도가 높고(HV100 이상) 고온에서도 저하하지 않으며 내마모, 내피팅, 내열 뜨임 연화 저항에 뛰어남

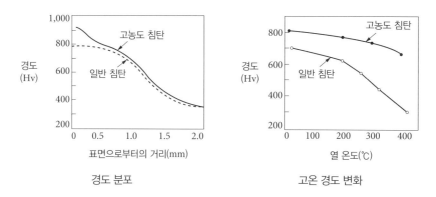

경도 분포　　　　　　　　고온 경도 변화

(4) 질화

암모니아 가스 중에서 500~550℃로 50~72시간 가열 후 서랭. 담금할 필요는 없다. 질소 침입에 의해 질화철 생성. 대상 재료에 Al, Cr, Mo이 필요. 경화 깊이가 얕다. 깊게 하려면 시간이 오래 걸리므로 경제적이지 않다. 고강도가 필요한 부품에의 적용은 제한적. 내마모, 내피로 한도, 내식 향상

(5) 이온 질화(플라스마 질화)

진공 펌프로 $10^{-2} - 10^{-3}$ Torr(mmHg)까지 배기한 다음, 질소 가스와 수소 가스를 진공도 0.5~10Torr에 맞춰 주입. 부품을 −극, 용기를 +극으로 약 500V 전압을 걸어 glow 방전을 발생시켜 질화처리 한다. 질화 시간 단축(수 시간 정도), 질화 방지는 도금이나 방지제 도포하지 않고 연강판으로 된 케이스로 덮는 것만으로 가능. 350~590℃ 범위에서 처리하므로 변형이 매우 적다. 무공해. 처리 후 세척 불필요

(6) 침탄 질화

질소와 탄소를 동시에 침입시키는 처리. 850℃ 정도의 고온에서 처리되며 처리 후 담금처리되므로 조직 상변태(마르텐사이트 변태) 수반함

(7) 연질화(soft nitriding, controlled nitrocarburizing)

질소와 탄소를 동시에 침입시키는 처리. 500~600℃ 정도의 저온에서 처리되므로 상변태 없음. 피로 강도 향상, 내마모, 내식, 내눌어붙음 개선. HV400~700

① 염욕 연질화(salt bath ferritic nitrocarburizing)
- 특수 염욕에서 약 570℃로 10~30분 가열 후 수랭
- Tufftride(Durferrit GmbH), Isonite(Degusa 독일), Tenifer(HEF group), Melonite

② 가스 연질화(gaseous ferritic nitrocarburizing)
- 침질성 가스＋침탄성 가스 분위기 중에서 처리. 거의 무공해
- Nitemper, Uninite, Tuffnite

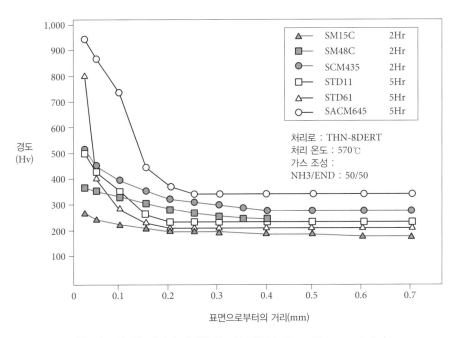

저온 가스 연질화 처리의 강종별 경도 분포(출처 : Dowa Thermotech Co.)

(8) 고경도 연질화

고온 영역에서 연질화 처리 후 급랭한 다음 재가열하여 질화물과 질소 마르텐사이트로 복합 경화시키는 방법. 저탄소강인 경우 침탄에 못지 않은 HV1000까지 가능하면서도 저변형 가능

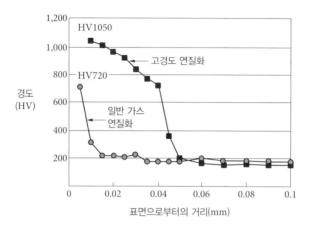

(9) 침황질화(침류질화)

내마모성이 뛰어난 질화층에 더하여 표면에 고체 윤활 기능을 가져 내눌어붙음성을 향상시키는 황화철층($2 \sim 3 \mu m$)을 부여하는 처리. 질화하기 어려운 STS도 침황 가스의 표면 활성화 작용에 의해 매우 딱딱한 질화층 생성이 가능하다.

① SURSULF법 : 특수 소금을 사용하여 570℃에서 30~90분 처리. 프랑스 HEF 그룹에서 개발

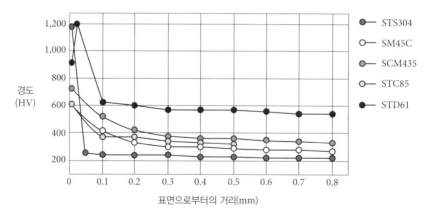

침황질화 처리의 강종별 경도 분포(출처 : Dowa Thermotech Co.)

② 가스 침황질화 : $(NH_3 + N_2) + H_2S$의 혼합 분위기에서 처리. 일본 테크노㈜에서 개발

(10) 고주파 경화처리

전기 코일로 급속 가열한 다음 물 분사 냉각 후 저온 뜨임 실시하여 연마 크랙 방지 및 내마모성 향상. 열 효율이 좋고 짧은 시간에 처리 가능하여 산화, 탈탄 및 변형이 적다. 국소 가열이 가능하며 경화층 깊이의 조절이 쉽다. 고합금강에는 부적절하며 SM35C-SM45C 탄소강이 적재

① MG(전동발전)식 : 1~10kHz 깊이 4~10mm
② 진공관식 : 30~450kHz 깊이 0.5~3mm

(11) 화염 경화처리

• 가열 → 냉각 → 저온 뜨임

(12) 레이저 경화처리

• 레이저빔 조사 → 공랭, 국부 경화 가능

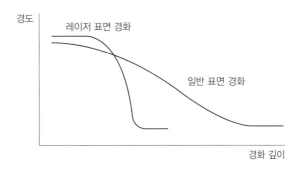

(13) 침황처리(침류처리, sulfurizing)

0.2μm 두께의 황화철(iron sulfide) 피막으로 마찰 계수를 저하시켜 내마모성 향상과 눌어붙음 방지

① 고온 침황
② 저온 침황 : Sulf BT(코베트법) 190℃에서 전해 반응에 의해 침황층(iron sulfide layer) 생성

7 표면경화처리의 주요 특성

일반 명칭		형성 조직(층)	표면 경도(HV)	내피로	내마모	내식	내눌어붙음	기타
침탄	침탄 담금프임	마르텐사이트	650~800	◎	◎			
침탄질화	침탄질질	마르텐사이트	600~750	○	◎			
저온 침탄질화		마르텐사이트	650~800	◎	◎			
고농도 침탄	고탄소 침탄, CD 침탄	탄화물+마르텐사이트	850~950	◎	◎		○	
연질화	Tuffnite	$Fe_{2-3}(N,\ C)+Fe_4N$	400~900	◎	◎	○	○	
	Tuffnite black	$\varepsilon-Fe_{2-3}(N,\ C)+Fe_3O_4$	400~900	◎	◎	◎	○	
	DMT process(STS계)	$Fe_3N,\ \Upsilon-Fe_4N,\ CrN$	1000~1400	◎	◎	○	○	
질황질화	SURSULF	유황 화합물+Fe_3N+Fe_4N	500~1300	◎	○	○	◎	유막 유지
저온침황	Corbett/SULF BT	Fe1-XS	<100		○		◎	유막 유지
	SBM	Fe1-XS+Mo	<100		○	○	◎	
숏 피닝		압축 잔류 응력	800~900(침탄 담금제)	◎				
알루미늄 용체화				◎				

출처 : Dowa Thermotech Co.

8 주요 재료별 표면 경화처리

			고주파, 화염, 레이저	침탄	침탄질화	질화	연질화
기계 구조용강	탄소강	SM20C	○	○	○	○	○
		SM45C	○	×	×		
	합금강	SCM420	×	○	○		
		SCM440	○	×	×		
		SNCM420	×	○	○		
		SNCM439	○	×	×		
		SACM645	×	×	×		
스테인리스강	오스테나이트계	STS304	×	×	×		
	마르텐사이트계	STS410	×	○	○		
		STS420J2	○	×	×		
		STS440C	×	×	×		
공구강	탄소 공구강	STC85	○	×	×		
	고속도 공구강	SKH51	×	×	×		
		SKH57	×	×	×		
	합금 공구강 냉간	STD11	×	×	×		
	합금 공구강 열간	STD61	×	×	×		

▌열처리 가격 비교

열처리	
열처리 종류	열처리 비용(비율만 참고)
불림	15~20
풀림	15~20
응력 제거 풀림	13~15
담금 & 뜨임	40~50
침탄+담금+뜨임	150~300
고주파 경화처리	60~70
질화처리	170~200
다이스강의 담금	500~600
고속도강의 담금	700~1000

참고 자료 : 설계 이론

 기계 설계란

우리들의 생활에 있어 기계는 없어서는 안 되는 것이다. 작업을 능률적으로 하기 위한 인간의 힘보다
훨씬 큰 힘을 내는 열기관, 물 및 공기를 이송하기 위해 쓰이는 펌프, 무거운 물건을 멀리까지 운반 가
능한 자동차, 철도 및 선박 등이 있으며 일상생활을 편리하고 쾌적하게 하기 위한 세탁기, 냉장고, 에
어컨 등의 가전기기와 새로운 정보를 습득하고 처리하기 위한 PC나 TV 등이 있다. 이와 같은 기계는
많은 설계 엔지니어에 의해 고도화, 고기능화가 이루어지고 있으며 최근에는 환경 문제를 고려한 재활
용 및 재사용 설계 등도 중요한 과제가 되었다.

기계 설계는 기계를 만들어 가는 과정 중의 하나로 기계 설계를 완성했다고 목적을 달성한 것은 아
니다.

1 과학과 공학

(1) 과학(science)

자연을 이해하기 위한 학문으로 연구 대상이 있으며, 그 대상의 동작 원리 및 구조를 탐구하는 것이며
연구 결과는 특허가 되지 않으며 연구에 있어 원가 개념은 그다지 철저하지 않다.

(2) 공학(engineering)

자연을 이용하기 위한 학문으로 연구 과제가 있으며, 그 과제를 해결하는 방법 및 수단을 강구하는 것
이며 연구 결과는 특허가 되며, 원가 개념이 매우 중요하며 연구의 경제성 여부에 매우 철저하다.

(3) 기계 공학(mechanical engineering)

기계를 만들기 위한 학문으로 기계의 설계, 제작, 이용 등 기계에 관계되는 모든 것에 대해 이론적·실
험적으로 연구하여 명확한 근거를 제공하는, 즉 설계 계산 이론, 제조 이론, 데이터 등을 제공하는 학
문을 말한다.

2 기계(機械, machine)

기계란 무엇인가라는 질문에는 여러 가지 답이 있지만 여기서는 '외부로부터 에너지를 받아, 이 에너

지를 전달 또는 변환하여 어떤 주어진 (목적으로 하는) 일을 하는 장치'라 정의하고자 하며, 또 기계란 '상대 운동을 하는 부품들의 조합'이라고 말할 수 있다.

(1) 기계의 조건

- 여러 개의 부품으로 구성되어 있을 것
- 적당히 구속을 받으며 운동은 항상 제한될 것
- 유효한 일을 할 것
- 구성 부품은 전달되는 힘에 견딜 수 있도록 강도를 가질 것

⚙⚙ 기기(機器, equipment)

- 원래 의미 : 기계와 기구의 총칭
- 최근의 의미 : 계측 기기와 정보 기기는 기계라고 부르지 않는다.

(2) 기계의 종류

① 공작 기계 : 선반, 밀링기, 드릴링기, 보링기, 머시닝 센터, 연삭기, 형삭기, 기어 가공기, 프레스, 방전 가공기, 가스 절단기, 플라스마 가공기, 레이저 가공기, 전자빔 가공기, 초음파 가공기
② 운송 기계 : 자동차, 항공기, 선박, 철도 차량, 지게차, 엘리베이터, 자전거, 오토바이, 자동창고
③ 건설 기계 : 굴삭기, 크레인, 굴착기, 로드 롤러(road roller), 포장기, 대형 덤프트럭
④ 플랜트 : 제철, 화학, 정유, 시멘트, 해저 유정 설비, 제지
⑤ 섬유 기계 : 자수기, 직조기, 재봉틀, 방적기, 방사기
⑥ 인쇄 기계 : 윤전기, 그라비아 인쇄기, 옵셋 인쇄기
⑦ 식음료 기계
⑧ 목공 기계
⑨ 농업 기계 : 트랙터, 콤바인, 파종기, 경운기
⑩ 로봇 : 용접, 이송(반송), 조립, 소방, 군사용 로봇
⑪ 전용 장비 : 반도체, 디스플레이, 태양 전지
⑫ 동력 장치 : 발전기(수력, 풍력, 화력, 원자력), 내연기관, 전동기
※ 산업 기계 : 공작, 건설, 농업, 목공 기계를 이르는 고전적 기계 분류 개념

(3) 기기의 종류

① 측정기기, 계측기기 : 회전수계, 가속도계, 지진계, 자이로, 측량기, 검사장치, 3차원 측정기
② 제어기기 : NC 컨트롤러, 산업용 PC

③ 사무용 기기 : 컴퓨터, 프린터, 복사기

④ 가정용 기기 : 냉장고, 세탁기, 에어컨, 식기 세척기

⑤ 휴대용 기기 : 휴대전화, 시계

⑥ 농기구 : 예초기, 분무기

⑦ 운동기구

※ 도구 : 망치, 가위, 칼

❸ 기계 설계와 공학

설계는 기계의 구조 및 재료의 선정, 베어링의 형식, 볼트의 크기 및 개수, 볼트의 위치까지 모든 것이 설계자의 생각에 기초하므로 입학 시험 문제와 같이 '맞다 틀렸다'를 판단하기 어렵다. 이 점이 기계 설계의 어려움이며 생각하는 과정에서 많은 지식과 공학적인 이론이 필요하며 적절한 사고 방식이 필요하다.

(1) 개념적 정의

기계 설계는 인간 최고의 지적 창조 행동으로 시장(고객)이 요구하는 제품이나 장치를 가장 경제적으로 만들기 위한 지적 행위이고 적절한 기능, 성능 및 외관을 가진 제품을 적정한 가격으로 만들고, 주어진 조건(기능, 성능, 외관)하에서 가장 싸게 만들기 위해 하는 모든 일이나 행위라고 말할 수 있다.

(2) 기술적 정의

• 요구되는 기능, 성능을 가진 기계를 제작하기 위해 필요한 상세 정보를 고안하고 결정해 가는 행위
  - 전체 구조
  - 각 부분의 형상, 치수, 재료 등
  - 가공, 조립 방법 등

• 요구 사항에 근거하여 구체적인 방법, 수단을 검토하여 최적의 기계 요소, 구조를 생각해 결정하고 도면을 작성하는 것

• 요구되는 기능, 성능을 가진 제품이나 부품을 만들기 위해 필요한 모든 정보를 공학에 근거해 제공하는 것

(3) 기계 설계와 공학

> 정역학, 동역학, 유체역학, 열역학, 기구학
> 전자기학, 기계재료, 재료가공법, 기계요소, 기계제도
> 제어공학, 전기공학, 전자공학, 정보, 기타

설계 정보 결정의 근거

컴퓨터 응용 해석(CAE)
설계 시간의 단축, 시제품 제작 기간 감소

기계 설계

> 만들고자 하는 기계에 대한 모든 정보를 결정하고
> 설계 도면으로 마무리하여 가는 작업

❹ 설계 엔지니어의 사고

기계 설계에 있어서는 공학적인 사고가 매우 중하다. 공학적인 사고란 저비용 구조는 어떤 것인가, 파괴되기 어려운 형상은 어떤 것인가, 만들기 쉬운 형상은 어떤 것인가, 기능을 높이고 다양화하는 방법은 무엇인가 등을 기계를 제작하는 관점에서 적절히 판단하고 명확한 근거를 생각하는 것이다.

설계에 있어 설계 엔지니어가 가져야 할 기본적인 마음가짐은 아래와 같다.

- 팔리지 않으면 아무 의미가 없다.
- 목적 : 무엇이 가장 중요한가.
- 시야 : 객관적. 고객의 입장에서 접근하라/한곳만 보지 말고 주위를 두루 보라.
- 정리 정돈 : 집중. 주변, 머릿속, 계산 데이터와 파일 등
- 최상의 해법이 아닌 최적의 해법을 찾아라.
- ※ 돈(원가, 경제성, 상품성)을 생각하지 않은 설계는 설계가 아니라 단지 아이디어일 뿐이며 기계 설계에서는 항상 균형을 고려하지 않으면 안 된다. 자동차를 예로 들면 고성능 자동차일수록 제조비용이 높으며 제조비용을 낮추면 높은 성능은 바랄 수 없다. 또 일반 기계에서도 기능이 많을수록 강도와 중량이 늘어난다. 설계자는 요구되는 성능을 파악하고 제조비용과 기능 및 성능이 균형을 이루도록 설계하지 않으면 안 된다.
- 제로 베이스(zero base) 사고 : 문제 의식. 당연한 것도 항상 '왜?'라고 의문을 갖는다.

설계 과정에서 효율적인 설계를 위해서는 다음과 같은 자세로 임해야 한다.

- 전체를 파악하는 것은 가장 중요한 과제이다.
- 머릿속의 아이디어를 구체화하라.

- 기능상 필요한 것을 정확하게 쉽고 빠르게 결정하고 싸게 만들어라.
- 가상공간(머릿속)에서 물건을 만들어 보고 조립하고 움직여 보라.
- 설계는 상류에 해당하는 업무인데, 상류에서 일을 적당히 하면 하류로 갈수록 그 영향이 심각해진다.
- 상류 설계(upstream design)의 중요성 : 백트랙의 많고 적음에 영향을 주며 클수록 비용 손실이 커진다.

5 설계의 요점

실제 설계 시 구체적으로 고려해야 할 사항을 아래와 같이 정리하였다.

① 요구 사항과 사용 조건 파악
- 요구 사항 : 하중, 토크, 모멘트
- 운전 조건 : 회전수, 원주 속도, 가속도 등
- 사용 환경 : 고온, 저온, 다습, 고압, 진공, 온도차
② 강도, 강성면에서의 신뢰성
③ 기대 수명 및 내구성
④ 단순성, 고장 확률 감소, 품질 향상
⑤ 제조 가능성(가공, 조립) 및 낮은 제조비용
⑥ 낮은 환경 부하
- 제품의 환경 문제
- 전과정 평가(life cycle assessment, LCA)의 요점
   - 재활용과 재사용 : 분해 용이성 향상
   - 자원 절약
   - 환경에 미치는 영향도
   - 폐기 용이성
   - 에너지 절약
⑦ 경량, 콤팩트
⑧ 고효율, 낮은 유지비
⑨ 안전성 확보
⑩ 조작 및 사용 편리성
⑪ 새로운 기능, 뛰어난 성능 : 창조적인 설계

6 원가

일반적으로 엔지니어는 회계에 관한 개념에 약하다. 그러나 설계를 잘하기 위해서는 원가와 관련된 단어의 개념 정도는 어느 정도 알고 있어야 한다. 원가란 상품을 만드는 데 든 비용을 말하며 판매가는 이 원가에 적정 이익을 더한 것이다.

(1) 원가

① 매입 원가
완성된 상품을 매입할 때의 원가

② 제조 원가
원재료를 매입하고 가공하여 상품을 만들 때의 원가로 재료비, 인건비, 경비 등으로 구성된다.

- 재료비 : 제품을 만들기 위해 쓰인 재료비용 ＝ 가공용 소재비 ＋ 외부 구입비 ＋ 공장 소모품, 연료비 등
  - 직접 재료비 : 제품별로 직접 계량되어 투입되는 재료비
  - 간접 재료비 : 윤활유, 도료 등 어느 제품에 어느 만큼 사용되는지 계량할 수 없는 재료비
- 인건비 : 제품을 만들기 위해 들어간 인건비(급여와 다름) ＝ 급여 ＋ 수당 ＋ 퇴직 적립금 ＋ 보험 부담금 ＋ 교육 훈련비 등
  - 직접 인건비 : 기계 작업자의 인건비처럼 그 제품을 가공, 조립하는 데 들어간 인건비
  - 간접 인건비 : 생산관리, 생산기술, 품질관리 등 제품에 따라 직접 계산할 수 없는 인건비
- 경비 : 재료비, 인건비 외의 모든 비용 ＝ 외주 사용 비용 ＋ 건물 감가상각비 ＋ 수선비 ＋ 광열비 등
  - 직접 경비 : 외주 가공비 등 직접 제품에 들어간 비용
  - 간접 경비 : 공장 설비의 감가상각비, 전력 등 제품에 따라 계산할 수 없는 경비
- 총원가 : 제조 원가＋판매 및 일반 관리비
- 매출 원가 : 당기에 판매한 제품의 비용

(2) 이익

① 매출 이익(영업 이익)
매출에서 매출 원가, 판매비 및 일반 관리비(영업 활동에 쓰인 경비)를 뺀 금액

- 판관비(판매비 및 일반 관리비)
  - 기업의 영업 활동 및 일반 관리 업무를 함에 있어 발생하는 비용
  - 매출 원가 및 재무 활동에 따르는 비용은 포함되지 않으며 영업비라고도 함
- 판매비 : 판매 활동에 있어서의 비용이며, 영업 사원의 인건비, 판매 수수료, 판매 촉진비, 광고 선전비, 여비, 교통비 등이 해당됨
- 일반 관리비 : 임원 및 관리 부문(경리, 총무, 인사, 재무, 경영기획실) 등의 인건비 및 기업 전체를 유지 운영 관리하기 위한 비용

② 경상 이익
매출 이익 ＋ 영업 외 손익(이자, 배당금, 유가 증권 매각 이익, 잡 수익 등)

③ 순이익

경상 이익＋특별 손익(우발적, 일시적 손익)－세금

- 투자 유가 증권 매각 손익
- 고정 자산 매각 손익
- 보험 차익, 화재 손실

 ## 설계를 잘하려면

우리가 음식을 잘하려면 먹을 수 있는 음식 재료는 어떤 것이 있는지, 영양 성분과 특성은 무엇인지, 적합한 조리 방법(삶고 찌고 굽고 데치고 볶고 등)의 종류와 장단점, 조리 기구와 사용 방법, 조리 순서 등을 잘 알아야 한다. 그냥 집에서 식구끼리 먹기 위해서는 기본적인 지식만 있으면 되지만 남에게 돈을 받고 팔기 위해서는 보다 전문적인 지식이 필요하다.

마찬가지로 기업에서 필요한 제품 설계를 잘하기 위해서는 기본 지식은 물론, 제품에 관한 전문지식이 필요하다. 제품에 관한 전문 지식은 학교보다는 기업에서 배우는 것이 보다 효율적이고 깊이가 있을 것이지만, 기본 지식은 학교에서 배우고 가야 한다.

필요한 기본 지식에는 기초 이론 지식, 특히 재료 역학 관련 기본 지식을 비롯하여 기계 재료, 기계 재료 가공 방법, 기계 요소의 이해와 활용에 대한 기본 지식 등을 들 수 있다.

1 기초 이론 지식

재료 역학, 유체 역학, 열 역학, 동력학, 기구학 등 모든 대학에서 필수 과목으로 가르치는 분야이며, 이 중 기계 설계에서 매우 중요한 재료 역학 관련 항목에 대해 언급한다.

(1) 강도 설계

예상되는 부하 아래에서도 파손되지 않도록 형상과 치수를 결정하는 설계를 말한다. 구조물의 응력 상태와 재료의 인장 강도를 비교하여 결정한다.

(2) 강성 설계

예상되는 부하에 의해 부품이 탄성 변형 한도 내에서 변형됨에 따른 기어 맞물림 등의 이상에 의해 소음과 진동이 허용 한도를 벗어나지 않도록 형상과 치수를 결정하는 설계를 말한다.

이를 위해 필요한 관련 항목은 다음과 같다.

- 가속 감속 토크와 관성 모멘트(J 또는 GD^2)

- 비틀림 모멘트와 굽힘 모멘트
- 기계 구조 중 사용 부위별로 요구되는 재료의 특성과 응력 – 변형률 선도
- 강도와 강성의 차이점
- 강도와 경도의 차이점
- 허용 응력과 안전율

❷ 기계 재료의 종류 및 특성 파악

기계 부품에 사용되는 재료에는 어떤 것들이 있으며 이들 재료의 여러 가지 기계적 특성에 대해 파악하고 있어야 하며, 주요 재료가 일반 열처리에 의해 기계적 성질이 어떻게 변하는지를 알아야 한다.

(1) 주요 재료의 기계적 성질

▍ 표 1 기계 재료의 기계적 성질

재료명	재료 기호	항복점, 내력 (N/mm^2)	인장 강도 (N/mm^2)	종탄성 계수 (kN/mm^2)	밀도 (g/cm^3)	푸아송 비	선팽창 계수 $(10^{-5}/K)$
일반구조용강	SS400	245 이상	400 – 510	206	7.87	0.31	1.1
저탄소강	SM20C	245	400 이상				
고탄소강	SM45C	490	685				
니켈크롬강	SNC631	686	834				
주강	SC450	225	450				
주철	GC250	–	250				
스테인리스강	STS304	205	520				
스프링강	SPS6	1080	1226				
순알루미늄	A1050 – H112	20	65	72	2.7	0.33	2.4
알루미늄 합금	A2017 – T4	215	345				
	A5052 – H112	70	175				
무산소동	C1020	70	195	130	8.89	0.34	1.67
황동	C2600	–	275	101	8.53	0.35	1.8
인청동	C5191	–	315	120	8.89	0.38	1.7
플라스틱	PP	–	30~39	0.5~3	1~2		7~10
세라믹스	Si3N4	–	–	240~400	3~4		0.2~1

기계 구조용강의 담금 임계 직경

임계 직경 : 강을 담금질하였을 때 마르텐사이트(martensite) 조직이 50% 이상 존재하는 조직의 경도를 임계 경도라 하며 중심의 경도가 이 임계 경도인 환봉의 지름이 임계 직경이다.

- SM45C : 17mm
- SCr : ≤60mm
- SCM : 60~100mm
- SNCM : ≤200mm
- SNC : ≤150mm

기계 재료 가격(시기에 따라 변동됨)

SS400 : 1,000원/kg	SM45C : 1,400원/kg	SPCC : 1,200원/kg
SECC : 1,600원/kg	STS304 : 4,800원/kg	A6061 : 7,000원/kg
Cu : 11,600원/kg		Al 주물 : 8,700원/kg

허용 응력과 안전율

- 허용 응력 : 재료가 변형 및 파괴를 일으키는 응력(인장 응력 또는 항복 응력/내력＝σ)에 비해 충분히 적어 안전한 응력
- 사용 응력＝설계 응력 ≤ 허용 응력
- 안전율 : 사용 환경이나 조건 등에 따라 강도 설계 하중을 계산 하중보다 크게 하는 비율
  - 강도 설계 하중＝계산 하중 × 안전율
- 안전율을 정하는 요소
  - 하중 및 응력의 종류와 성질
  - 재료의 성질 : 연성/취성 재료
  - 재료의 신뢰성 또는 균일성
  - 하중 계산의 신뢰도
  - 가공 정밀도, 조립 정밀도
  - 사용 환경 및 위험도
  - 수명에 대한 요구 정도 : 5년/10년

(2) 기계 재료의 종류별 특성

① 주철
- 탄소 함량이 2.14% 이상이다.
- 융점이 낮고 탕의 유동성이 좋다.

- 압축 강도가 크며, 내마모성이 좋고, 감쇠성이 뛰어나다.
    - 일반 주철 : 일반 회주철/백주철/잡주철/큐폴라에서 용해
    - 고급 회주철(강인 주철, 강화 주철) : 고철을 다량 첨가하여 전기로에서 용해
    - 구상 흑연 주철(spheroidal graphite, ductile 또는 nodular cast iron) : 편상 흑연을 구상 흑연으로 바꾸며 20시간 정도의 열처리 필요
    - 가단 주철 : 흑심/백심/펄라이트(malleable cast iron)/600~900℃에서 수십~백여 시간 흑연화 처리 필요
    - CV 주철(compacted vermicular graphite cast iron) : 흑연의 구상화율이 30~70% 정도인 주철
    - 합금 주철 : 고크롬 주철/고규소 주철/Ni-Cr-Cu 주철
    - 칠드(chilled) 주철 : 회주철을 급냉하여 표면은 백주철이지만 내부는 회주철인 주철

② 강
- 탄소 함량이 0.02~2.14%인 철로 사용량이 가장 많다.
- 각종 열처리에 의해 쉽게 기계적 성질을 향상시킬 수 있다.
- 열간 소성 가공성과 용접성이 뛰어나다.
- 인장 강도, 인성 등이 좋다.

ⓐ 열처리하지 않고 쓰는 강재
- 열간 압연 강재
    - 일반 구조용 압연 강재
    - 용접 구조용 압연 강재
    - 내후성 강
    - 비조질 고장력 강
- 열간 압연 연강판
- 자동차 구조용 열간 압연 강판
- 냉간 압연 강판
    - 전기 아연 도금 강판
    - 용융 아연 도금 강판
    - 주석 도금 강판
- 합금강 중 쾌삭강
- 초강력강
- 저온용 강

ⓑ 열처리하여 쓰는 강재
- 기계 구조용 탄소 강재
- 합금 강재

  − 기계 구조용 합금강 : 크롬강, 크롬 몰리브덴강, 니켈 크롬강, 니켈 크롬 몰리브덴강, 망간강

  − 내식강 : STS, 슈퍼 STS, 초합금

  − 내열강 : 내열강, 초합금

  − 베어링강

  − 스프링강

  − 조질형 고장력강

  − 초강력강

  − 표면 경화용 강 : 침탄강, 질화강

- 탄소 공구강
- 합금 공구강 : 절삭 공구용/충격 공구용/냉간 금형용/열간 금형용
- 고속도 공구강

③ 알루미늄 합금

- 가볍다.
- 내식성이 좋다.
- 전기가 잘 통하고, 열을 잘 전달한다.
- 소성 가공성이 좋다.
- 융점이 낮아 주조에 유리하다.

ⓐ 가공용 압연재

- A1000 : 순 알루미늄−알루미늄 함량 99% 이상. A1100, A1060, A1070
- A2000 : Al−Cu계, 열처리 형. A2011, A2014, A2017, A2024, A2036, A2037
- A3000 : Al−Mn계. A3003, A3004
- A4000 : Al−Si계. A4032
- A5000 : Al−Mg계. A5005, A5052, A5056, A5083
- A6000 : Al−Mg−Si계, 열처리형. A6061, A6063
- A7000 : Al−Zn계, 열처리형. A7075, A7N01
- A8000 : Al−Li계, 열처리형. A8090, A8079, A8091

ⓑ 주물용 합금

- AC1A, AC1B : Al−Cu
- AC2A, AC2B : Al−Cu−Si
- AC3A : Al−Si
- AC4A, AC4C : Al−Si−Mg
- AC4D : Al−Si−Mg−Cu
- AC4B : Al−Si−Cu

- AC5A : Al-Cu-Ni-Mg

- AC7A, AC7B : Al-Mg

- AC8A, AC8B : Al-Si-Cu-Mg-Ni

※ 다이캐스팅용 주물재 : lautal(AC2A, AC2B), silumin(AC3A), hydronalium(AC7A, AC7B)

④ 마그네슘 합금

- 실용 금속 중 가장 가볍다.

- 비강도, 비강성이 높다.

- 피삭성이 뛰어나다(Al의 1/2, 연강의 1/5).

- 활성 금속으로 대기 중에서 용해 불가능하다.

- 산소와 결합 시 화재가 일어날 수 있다.

- ASTM 합금 기호 : A(Al, K : Zr), Q(Ag), E(희토류), L(Li), T(Sn), H(Th), M(Mn), Z(Zn), W(Y)

▌ 표 3 마그네슘 합금의 종류

MB	MP	MT	MS	ASTM	주요 성분	MC	ASTM	주요 성분
1	1	1	1	AZ31	Al3/Zn1	1	AZ63A	Al6/Zn3/Mn0.1
2	2	2	2	AZ61A	Al6/Zn1	2	AZ91C	Al9/Zn0.7/Mn0.3
3	3	3	3	AZ80A	Al8/Zn	3	AZ92A	Al9/Zn2/Mn0.8
4	4	4	4	ZK	Zn1/Zr	5	AM100A	Al10/Zn0.3/Mn0.8
5	5	5	5	ZK	Zn3/Zr			
6	6	6	6	ZK60A	Zn6/Zr	6	ZK51A	Zn4.5/Zr0.8
7	7	7	7			7	ZK61A	Zn6/Zr0.8
8	8	8	8		Mn2	8	EZ33A	Zn2.5/RE3/Zr0.8
9	9	9	9	ZM	Zn2/Mn1			
10	10	10	10	ZC71A	Zn7/Cu1			
11	11	11	11	WE54A	Y5/RE4/Zr			
12	12	12	12	WE43A	Y4/RE3/Zr			

⑤ 아연 합금

- 생산량이 많고 값이 싸다.

- 가공성과 주조성이 좋아 다이캐스팅용 합금으로 널리 사용됨
  - Zn-Al(4%)-Mg(0.04%)

　− Zn−Al(4%)−Mg(0.04%)−Cu(3%)

⑥ 티타늄 합금

• 가볍다.

• 내식성이 뛰어나다−해수, 알칼리, 염화물, 질산 등 : STS300계보다 우수

• 강도가 높다−거의 강에 버금간다.

• 열 전도율과 전기 전도율이 낮다.

ⓐ 순 티타늄

• 1종 / 2종 / 3종 / 4종

ⓑ 티타늄 합금

• Pd 첨가 : 11종~23 종

• α 합금 : 50 종

• $\alpha + \beta$ 합금 : 60종 / 61종

• β 합금 : 80종

ⓒ 티타늄 주물

• TC340(2종) / TC480(3종)

• TC340Pd(12종) / TC480Pd(13종)

• TC6400(60종)

ⓓ 단조 티타늄

• TF270(1종) / TF340(2종) / TF480(3종) / TF550(4종) / TF270Pd(11종)

• TAF1500(50종) / TAF6400(60종) / TAF3250(61종) / TAF4220(80종)

⑦ 동 합금

• 전기 저항이 작아 전기 전도율이 높다.

• 소성 가공성이 매우 뛰어나다.

• 내식성이 좋다.

• 열 전도율이 뛰어나다.

ⓐ 순동

• 전기 동(tough pitch copper)−C1100, 정련동

• 인 탈산동(deoxidized copper)−C1220

• 무 산소동(oxygen free high conductivity copper, OFHC)−C1020

ⓑ **황동**

- 단동(red/gold brass) : Cu + Zn(5-20%) : C2100-C2400
- 7/3 황동 : Cu + Zn(25-35%) : C2600
- 6/4 황동 : Cu + Zn(35-45%) : C2720, C2801
- 65:35 황동 : Cu + Zn(40-50%) : C2680
- 쾌삭 황동 : Cu + Zn + Pb(1.5-3.7%)
- 주석 황동 : Cu(88.5%) + Zn + Sn(2.2%) : C4250
- 해군 황동(naval brass) : 6/4 황동 + Sn(0.5-1.5%) : C4621
- 해사 황동(admiralty brass) : 7/3 황동 + Sn(1%) : C4430
- 고장력 황동 : 6/4 황동 + Mn(0.3-3%) + Al, Fe, Ni, Sn : C6782, C6783
- 알루미늄 황동 : 황동 + Al + As: Albrac

ⓒ **황동 주물**

- 1종 (YBsC 1) / 2종 (YBsC 2) / 3종 (YBsC 3)

ⓓ **청동**

- 주석 청동 : 기계용 청동-Sn ≤ 10%
  - 포금(gun metal) : Sn 8-12%
  - 해사 포금(admiralty gun metal) : Sn(10%), Zn(2%)
  - 인 청동 : Sn(3-9%), P(0.3-0.35%)
  - 납 청동 : Pb(30-40%), 켈밋(kelmet)
- 알루미늄 청동 : Cu + Al(12%), Sn 없음

ⓔ **고력 동 합금**

- 베릴륨 동 : Cu+Be(1-2.5%)
- 티타늄 동 : Cu+Ti
- 지르코늄 동

ⓕ **동 니켈 합금**

- 양은(양백, nickel silver) : Cu + Ni + Zn
- 백동(cupronickel) : Cu + Ni(20%)
- C 합금(Corson alloy) : Cu + Ni + Si

⑧ **저융점 합금**

일반적으로 주석의 융점(230℃)보다 융점이 낮은 합금

ⓐ **납, 주석, 안티몬 합금**

- Pb-Sb(13~20%)-Sn(1~10%)

- $Sn - Sb(14\%) - Cu(5\%)$
- $Sn - Sb(15\%) - Cu(2\%) - Pb(18\%)$

ⓑ **화이트 메탈**

- $Sn - Sb(5 \sim 13\%) - Cu(3 \sim 5\%) - Pb(0 \sim 15\%)$
- $Pb - Sn(5 \sim 46\%) - Sb(9 \sim 18\%) - Cu(0 \sim 3\%)$
- 배빗 메탈(babbit metal) : $Sn(90\%) - Cu(10\%) / Sn(89\%) - Sb(7\%) - Cu(4\%) / Pb(80\%) - Sb(15\%) - Sn(5\%)$

ⓒ **로즈**(rose) **합금**

ⓓ **갈린스탄**(galinstan)

ⓔ **우즈 메탈**(wood's metal)

⑨ **복합 재료**

- 두 가지 이상의 재료를 복합화한 후 원래 소재보다 우수한 성능을 가질 것
- 복합화한 후 원래 소재가 구별 가능해야 함
- 강화재와 모재로 이루어짐

ⓐ **FRP(fiber reinforced plastics)**

- GFRP : 글래스
- CFRP : 카본
- BFRP : 보론
- AFRP(KFRP) : 아라미드(Kevlar) - 듀퐁 사
- DFRP : Dyneema(고분자 폴리에틸렌, UHPE) - 덴마크 DSM사
- ZFRP : Zylon(poly - phenylene benzobisoxazole)

ⓑ **FRM(fiber reinforced metal)**

ⓒ **FRC(fiber reinforced ceramics)**

ⓓ **C/C(carbon fiber reinforced carbon composite)**

⑩ **합성 수지**

- 다수의 원자가 공유 결합하여 이루어진 거대 분자이다.
- 전기가 통하지 않는다. 물 및 약품에 강하다.
- 부식하기 어렵다. 화기에 약하며 타기 쉽다.
- 자외선에 약하다. 탄성률이 적다.
- 복잡한 형상도 성형 가능하다.
- 소재 자체에 착색이 가능하다.

ⓐ **열가소성 수지**(thermoplastic resin)

가열하면 유연하게 되어 원하는 형상으로 성형할 수 있는 수지

- 범용 플라스틱 : PE / PP / PS / ABS / PVC / PMMA(아크릴) / AS / PTFE(테프론)
- 엔지니어링 플라스틱 : PA / POM / PC / m‒PPE / PET / PBT / GF‒PET / COP / UHPE
- 슈퍼 엔지니어링 플라스틱 : PPS / PTFE(테프론) / PSF / PES / PAR / LCP / PEEK / PI / PAI / PEI

ⓑ **열경화성 수지**(thermoset resin)

- 가열하면 중합하여 고분자 그물망 구조를 만들고 경화하며 원래대로 돌아오지 않음
- 페놀 수지(PF) / 에폭시 수지(EF) / 멜라닌 수지(MF) / 요소 수지(UF) / 열경화성 폴리이미드(PI) / 불포화 폴리에스터(UP) / 폴리우레탄(PUR)

⑪ **고무**(탄성 고분자, elastomer)

- 천연 고무
- 폴리 이소프렌 고무
- 스티렌 부타디엔 고무
- 부타디엔 고무
- 니트릴 고무(부타디엔 아크릴로 니트릴)
- 네오프렌(폴리 크로로프렌) 고무
- 에틸렌 프로필렌 고무
- 실리콘(폴리 시록산)
- 부틸 고무
- 불소 고무
- 폴리우레탄 고무

⑫ **폴리머 합금**(polymer‒alloy)

- 다른 종류의 폴리머들을 혼합하여 만든다.
- 내열 충격성, 내열성, 내약품성 향상
- PPE + PS / PC + ABS / PVC + ABS / PBT + ABS / PBT + PET / PA + ABS / PC + PS / PC + PE

- - - - - - - - - - - - -
재료 선택기준

1. 강도, 강성
2. 열처리성, 용접성, 절삭성, 소성 가공성, 주조성
3. 기능성 : 내부식, 내열, 내산, 전기 및 열 전도율 등
4. 외관성
5. 비강도, 비강성
6. 가격 및 유통성(구입 용이성)

❸ 재료 가공 방법, 조립, 분해

형상의 결정에는 강도 강성의 문제도 있지만 설계된 것이 만들 수 없는 것이면 곤란하다. 그래서 가공할 수 있는 형상은 어떤 것인가를 알아둘 필요가 있다. 가공에도 절삭 가공, 소성가공, 주조, 용접, 표면 경화 처리, 표면처리 등 다양한 방법이 있는데 각각의 가공법마다 가공 가능한 형상과 정밀도를 파악하지 않고는 적절한 설계를 할 수 없다.

기계부품의 형상 및 치수를 정할 때 기계 재료 가공방법에 대한 지식은 필요 불가결이다. 기계 설계에 있어서 항상 만들기 쉽도록 형상 및 치수를 결정하도록 마음을 쓰지 않으면 안 된다. 또 실제 가공에서는 오차가 존재하는데 치수 오차는 가공 방법 및 기계, 작업자의 능력에 따라 다르며 그 비용도 다르지만 허용되는 오차가 클수록 만들기 쉽다는 것은 말할 필요도 없다. 설계자는 필요 이상으로 높은 정밀도를 지정하면 안 된다. 또한 수량이나 재료에 따라 어떤 형상을 만들 수 있는 방법은 한정되어 있다.

가공법과 가공 정밀도는 기술혁신에 따라 점차 진보하고 있으므로 기존 가공법뿐만 아니라 새로운 가공법도 잘 검토해야 한다.

또 설사 가공은 가능하더라도 조립할 수 없다면 제품이 될 수 없고, 조립 후 분해할 필요가 있는 제품인지 아닌지도 검토되어야 하며 조립 및 분해가 쉬운지 여부도 고려해야 한다.

(1) 재료 가공법 종류별 특징

① 절단 가공
- 절삭 가공용 소재 준비
- 박판 소재인 복잡한 형상의 부품
- 표면 조도 및 정밀도가 중요하지 않은 부품

② 재료 제거 가공
- 가장 기본이 되는 가공법 – 모든 시제품 제작
- 어느 정도 정밀도가 필요한 부품
- 다른 가공법으로는 불가능한 형상 가공(예리한 부분, 나사, 키, 스플라인 등)
- 다른 가공법으로 만든 부품의 중요 부분 정밀 가공 및 마무리 가공

③ 판재, 파이프, 봉재 및 형재 가공
- 관련 재료의 굽힘 가공, 롤링 가공
- 박판 부품의 금형에 의한 대량 생산

④ 주조
- 복잡한 형상인 부품의 제작
- 절삭 가공을 최소화하여 가공비용 절감

⑤ 금속 재료의 부피 성형 가공
- 주조로는 얻을 수 없는 강도 및 인성 등이 필요한 어느 정도 복잡하고 단면이 일정한 형상 부품의 양산

⑥ 비금속 재료의 부피 성형 가공
- 형상을 가진 부품의 대량 생산
- 다른 방법으로는 만들 수 없는 제품

⑦ 용접
- 하나로 만들기 어려운 부품
- 각각 가공 후 용접하는 것이 경제적인 부품
- 두께가 다른 부분이 함께 존재하는 판재 부품
- 두 가지 이상의 금속으로 이루어진 부품

⑧ 열처리
- 기계적 성질(강도, 경도 등) 향상에 의한 재료비 절감
- 조직 미세화, 조직의 균일화 및 균질화
- 표면 경화에 의한 부품의 내마모성 증가

⑨ 표면처리
- 내식성, 내약품성, 내산성 등 향상시켜 부품 보호
- 부품의 외관 미려하게 만듦

⑩ 각인 및 인쇄
- 부품 관리, 제조 이력 관리, 위조 방지 등

재료의 가공 방법 선택 기준

1. 사용 재료의 종류
2. 부품의 정밀도
3. 생산 수량
4. 형상 및 용도 : 부품 유형
5. 외주 가공 용이성
6. 제조 국의 인건비

(2) 생산 수량별 재료 가공 방법

	가공법	소량	중량	대량	형비/부품비
절단		◉	○		
재료 제거		◉	○		
판재, 봉재, 형재	일반 성형	◉	○		
	프레스 성형(Roll forming)			◉	
주조	사형 주조	○	◉		
	금형 주조		○	◉	
금속 부피 성형				◉	
비금속 부피 성형				◉	
용접n	용접	◉	○		
	압접		○	◉	
표면 경화처리	침탄, 질화 등	○	◉	◉	
	고주파		◉	○	
	화염, 레이저	◉	○	○	
표면처리		◉	◉	◉	

부품의 크기 및 복잡성, 정밀도 등에 따라 차이가 있음

▨ 기계 요소의 이해와 활용

기계를 구성하고 있는 부품들을 크게 분류하면 동력 전달 계통, 지지 구조물, 외장 계통의 세 가지로 나눌 수 있으며 이 구성 부품을 기능별로 구분하면 아래와 같다.

기계 설계를 잘하려면 이들 요소의 종류, 기능 및 장단점에 대해 잘 파악하고 있어야 한다.

(1) 기계 구성요소 트리

동력 전달 계통

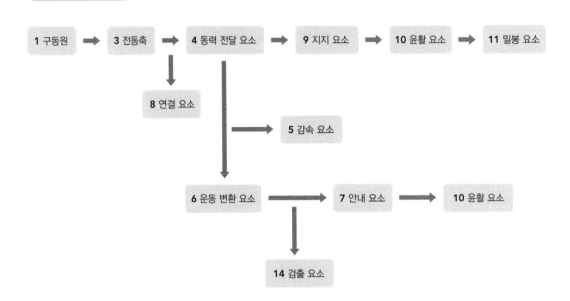

지지 구조 계통

(2) 기계 요소 트리 상세

한편 실제 기계에서는 규격화된 시판 부품을 유용하게 쓰고 있다. 1개에 수십 원부터 수백 원 하는 볼트 및 너트를 선반에서 일일이 가공하는 것은 그야말로 비효율의 극치다. 또 기계에 다양하게 쓰이는 베어링 및 실 부품 등도 규격화되어 있는 부품을 쓰는 것이 능률적이다. 따라서 이들 요소의 종류와 특징을 정확히 파악하는 것이 중요하다.

5 기타

(1) 기계 제도

(2) 측정

각종 측정기기의 측정 오차 범위를 알아야 한다.

(3) CAD

(4) 제어

메커니즘에서 목적으로 하는 동작을 시키기 위해서는 구동원인 모터, 유공압 실린더 등의 액추에이터가 필요하며, 센서에 의해 위치 및 동작상태 등을 감지하여 원하는 대로 메커니즘의 동작을 제어해야한다. 따라서 최근의 기계설계에 있어서 제어에 관한 각종 요소에 대한 공부도 게을리해서는 안 된다. 시퀀스 제어, 피드백 제어 등의 제어 방법, 릴레이, PLC, 산업용 PC 등의 제어기기, 각종 센서 등에 대한 공부도 필요하다.

(5) 표준, 법규

부품의 성능 보장, 설계시간 단축, 부품 및 유닛의 공용화, 기계의 호환성 및 대량 생산에 의한 저비용, 공급 안정성, 구입 용이성을 갖도록 표준 및 규격이 제정되어 있다. 나라마다 규격이 정해져 있으나 급속한 기술혁신, 제품의 수출입 증가에 따라 국제적인 규격 통일이 필요하게 되어 국제 표준화 기구 ISO(international organization for standard)가 설립되어 국제 표준이 제정되었다. 글로벌한 제품을 개발하기 위해서는 각 규격에 근거한 설계가 필요하다.

(6) 분석 및 시뮬레이션

(7) 경험

① 창의성 발휘(창조 설계, 창의 설계) : 에디슨이 달걀을 품은 일, 장난, 호기심
창의성 전도사인 로버트 루빈스타인은 '태어날 때부터 창의적인 사람은 없다. 창의성은 배울 수 있다. 훈련할수록 더 창의적이 된다'고 말한다.

② 가정(仮定)을 잘해야 함
학교에서 배우는 교재에 나오는 문제는 필요한 조건이 주어지므로, 2차 방정식을 풀 경우 변수가 2개 주어진다. 그러나 실제 설계에서는 변수가 2개인 2차 방정식에서 알 수 있는 변수는 1개뿐인 경우가 많이 발생한다. 이때 하나의 변수는 가정을 해야 하는데, 가정할 값을 잘못 선택하면 여러 번 반복해야한다. 경험에 의해 적절한 값을 선택할 수 있는 능력이 커진다.

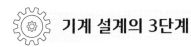 **기계 설계의 3단계**

1 기계 설계의 3요소

기계를 움직이는 동력 전달 메커니즘, 동력 전달하는 부품의 강도 및 강성, 기계를 구성하는 각종 요소 부품의 적절한 선정 등 세 가지를 기계 설계의 3요소라 한다.

(1) 메커니즘

기계의 동력 전달 메커니즘의 설계는 어떤 동작을 목적으로 하고 동력원부터의 동력을 어떻게 전달하는가, 그리고 그들을 실현하기 위해 필요한 구성요소의 선정이 주로 이루어진다.

① 운동과 메커니즘

기계 동력 전달 운동은 평면 운동, 나선 운동, 구면 운동의 세 가지가 있는데 대부분은 평면 운동이다. 평면 운동을 실현하는 메커니즘은 기본적으로 직선 운동 메커니즘과 회전 운동 메커니즘 및 그 조합 메커니즘으로 구분된다. 목적으로 하는 운동을 실현하기 위해 각종 메커니즘의 구성요소 각각의 속도 특성, 동작 특성을 고려하여 적절한 선택을 할 필요가 있다.

② 동력 전달 방법

기계를 움직이기 위해서는 무언가 동력을 공급하지 않으면 안 된다. 이 동력원의 동력을 전달하는 메커니즘이 필요하게 된다. 전달요소로는 축, 키, 축 이음, 기어, 풀리, 체인, 링크, 캠 등이 있다.

(2) 강도 및 강성

기계요소 설계에 있어서 구조 또는 형상을 결정하거나 재료를 선정할 때 재료가 가진 강도를 고려해야 한다.

즉 기계 요소가 그 기능을 충분히 다하기 위해서는 사용 중에 파손 또는 부적합한 변형을 일으키는 일이 없도록 해야 한다. 이를 강도 설계라 하며 요소에 작용하는 하중에서 응력을 구하고 이것과 재료의 강도를 비교하여 강도상 충분히 안전한지, 기능상 문제가 되는 변형을 일으키지 않는지를 조사하는 것이다.

한편 파괴에 이르지는 않더라도 기계의 사용 환경 및 조건, 즉 진동에 의한 소음이 어느 한도를 넘으면 안 된다든지, 정밀 가공 기계에서 목표로 하는 정밀도가 나오도록 부품의 탄성 변형을 정해진 한도 이내로 하는 설계를 강성 설계라 한다.

① 재료의 기계적 성질

인장 강도, 허용 응력, 항복 강도 또는 내력, 탄성 한도(종탄성계수, 영 율), 비례 한도, 응력−변형률 선도, 연성과 취성

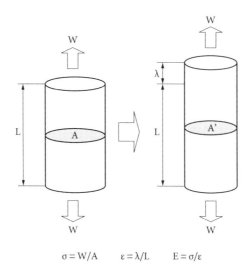

$$\sigma = W/A \qquad \varepsilon = \lambda/L \qquad E = \sigma/\varepsilon$$

그림 1 하중에 의한 부재의 변형

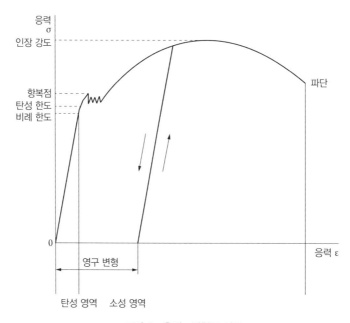

그림 2 응력 – 변형률 선도

탄성 변형 영역 내에서는 변형은 하중에 비례하며(Hook의 법칙) 그 비례 정수를 종탄성 계수 또는 영 율(Young's ratio)이라 한다.

$$E = \sigma / \varepsilon$$

탄성 변형 영역을 넘으면 변형과 하중이 비례하지 않으며 최대하중을 넘으면 파단에 이른다. 이상은 주로 인장 응력인 경우를 예로 들었지만 응력의 상태에는 압축, 굽힘, 비틀림 등이 있으며 재료의 강도는 응력 상태에 따라 다르다. 실제의 기계요소, 부품에는 2축 혹은 3축 응력 상태의 응력이 작용하는 일도 많다. 이와 같은 다축 응력 상태에서의 항복 조건으로는 다음과 같은 설이 있다.

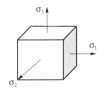

$\sigma_1 > \sigma_2 > \sigma_3$: 1축 응력 상태에서의 항복 응력

- 최대 주응력설 : 최대 주응력이 일정 값이 될 때 항복, 취성 재료에 적합
- 최대 전단 응력설 : 최대 전단 응력이 재료의 고유 값에 달할 때 항복, 연성 재료에 적합
- 최대 전단 변형 에너지설 : 전단 변형 에너지가 일정 값이 될 때 항복, 연성 재료에 적용
  → 정확한 응력 상태의 파악은 불가능하다.

② 하중, 응력의 종류
- 하중의 작용 방향에 따른 분류
  - 인장 하중, 압축 하중, 굽힘 하중, 전단 하중, 비틀림 하중

하중의 종류	하중의 작용 방향	응력
인장 하중		$\sigma = + \dfrac{W}{A}$
압축 하중		$\sigma = - \dfrac{W}{A}$
굽힘 하중		$\sigma = \dfrac{M}{Z}$
전단 하중		$\tau = \dfrac{M}{A}$
비틀림 하중		$\tau = \dfrac{T}{Z}$

σ : 인장 압축 응력, τ : 전단 응력, Z : 단면 계수, A : 단면적, M : 굽힘 모멘트, T : 비틀림 모멘트

- 시간적으로 본 하중 분류
  - 정하중 : 정지하고 있는 하중. 대표적인 것으로 자중에 의한 하중, 정하중에 대한 강도는 인장 강도 또는 항복점이 문제가 되며 영구 변형을 일으키면 곤란한 경우는 하중을 탄성 한도 내로 해야 한다.
  - 동하중 : 동적으로 작용하는 하중. 피로 한도가 문제. 기계 구조물에 작용하는 하중의 대부분
  - 반복 하중 : 크기가 반복적으로 변동하는 하중

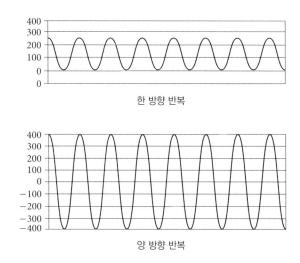

- 교번 하중(변동 하중) : 크기와 방향 모두 바뀌는 하중

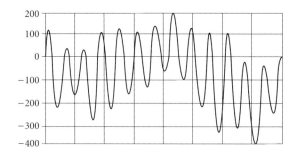

  - 충격 하중 : 큰 가속에 의한 하중
  - 반복 충격 하중 : 반복 작용하는 충격 하중
    충격 하중이 작용하는 경우 그 최댓값이 예측할 수 없을 정도로 커지는 경우가 있으며 변형 속도가 빠르면 취성 파괴되기도 한다.

• 분포에 따른 하중 분류

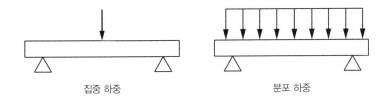

집중 하중   분포 하중

③ 허용 응력과 안전율

우리가 사용하는 기계 및 구조물은 사용 중에 심각한 변형 및 파괴되는 일 없이 안전하게 충분히 그 기능을 다해야 한다. 그러므로 이들 부품에 생기는 응력(σ)은 그 재료가 변형 및 파괴를 일으키는 응력과 비교하여 충분히 작을 필요가 있다. 그 비율을 안전율(S)이라 하는데 $S = \sigma_a / \sigma$로 나타낸다.

이 안전율은 사용 환경 및 사용 조건에 따라 달라지는데 각각의 기계에 따라 적정한 안전율은 제조 업체별로 적절한 값이 정해져 있다.

안전율을 결정하는 요소는 다음과 같다.

• 하중 및 응력의 종류와 성질
• 재료의 성질
  − 연성(ductility) : 파괴에 대해 안전, 파괴 전에 변형 인지 가능
  − 취성(brittleness) : 파괴에 대해 위험, 순간적 파괴
• 하중 계산의 신뢰성
• 가공 및 조립 정밀도
• 사용 환경 : 예측 곤란한 과대 하중, 빈도가 적은 초과 하중, 충격 하중
• 파괴되었을 때의 피해 심각성

한편 재료의 허용 인장과 압축 응력은 재료의 결함, 열처리 및 가공의 불균일성, 시료와 실물의 차이, 표준 시험용 시료의 편차, 노치 효과(응력 집중), 표면 마무리 효과, 치수 효과 등 여러 인자의 영향을 고려하여, 일반적으로 재료의 인장 강도의 25% 정도를 기준으로 하며 비틀림 응력은 20%, 굽힘 응력은 37.5% 정도를 기준으로 삼고 있다.

④ 안전 수명 설계와 손상 허용 설계

• **안전 수명 설계**(safe life design) : 사용 중에 모든 부품이 유해한 손상을 일으키지 않도록 설계하는 방법. 설계에 있어 적절한 자료 또는 실험 결과로부터 그 부재의 평균 수명을 추정한 다음, 이 평균 수명을 안전율로 나눠 수명의 편차 중 가장 짧은 것에서도 손상을 일으키지 않는 안전 수명을 구하고, 이 수명에 도달하면 새로운 것으로 교환하는 방식. 부품이 대형화하고 무거우며 비용이 많이 든다.

• **손상 허용 설계**(damage tolerant design, fail safe design) : 사용 중 손상이 일어나도 나머지 부분이 하중을 부담하여 치명적인 손상이 일어나지 않도록 해놓고 파손된 부재를 정기 점검에 의해 보수 또는

교환하도록 하는 방식(항공기 등에 적용)
- 풀 프루프(full proof) 설계 : 사용자가 잘못 사용하여도 치명적인 파손에 이르지 않도록 하는 설계

2 기계 설계의 3단계

(1) 기계의 제작 순서

① 제품 완성까지의 흐름

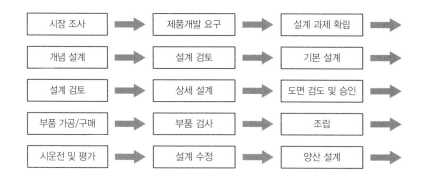

위의 그림 중 '설계 과제 확립 단계부터 도면 검도 및 승인'까지가 설계 관련 부서의 업무에 해당한다.

- 제품개발 요구 : 판매 관점에서의 요구 사항 정리
- 설계 과제의 확립 : 설계 목표의 명확화, 개발 목적을 명확히 해놓는 것이 중요하다. 이것이 명확하게 되어 있지 않은 상태에서 기계 설계를 진행하면 부품의 형상을 결정할 때 사용 부품을 선택할 때 공학적인 근거가 불명확해진다.
    − 수요 분석 예측 : 필요성 파악과 평가
    − 기술 예측 : 기술적 실현 가능성 검토
    − 제품 기획 : 기능, 설계, 제조, 수송, 사용, 폐기 등 전 과정 결정, 자금, 기술, 인력 지원 검토, 확정
    − 개발 일정표 작성

② 기본 구상의 검토
만들고자 하는 기계가 전체적으로 어떤 기능을 목적으로 하고 있는가를 확실히 하고 고려해야 할 과제를 명확히 한다. 예를 들면 로봇을 만들려고 하는 경우 어린이 완구용인가 산업용으로 중량물 운반용인지 용접 및 조립용인지 등이다. 더 나아가 만들고자 하는 기계가 현재 있는 기계를 개량할 목적인지 전혀 새로운 원리 기술을 이용하는 것인지에 따라 다음 공정에 크게 영향을 준다.

설계 기획서의 일례

제작물	골프 경사지 연습 장치
목적	골프 연습장에 시험 납품
제작 기간	3개월
기본 사양	크기 2,000 × 1,000 × 250mm 이내
기능과 성능	소형으로 강력한 토크를 가진 구동원, 경량이면서 강성이 큰 상판 구조물, 제한된 높이에 유효한 메커니즘, 위치 및 자세 센서 등

③ 기본 성능, 사양의 결정

목적을 실현하기 위한 정량적 성능(사양)을 결정하고, 설계한 것이 그 기본 조건을 만족하는가를 항상 체크한다. 위의 운반용 로봇이라면 운반 가능한 중량은 몇 킬로그램, 이동거리는 몇 미터, 운반 정밀도, 운반 시간 등을 정량적으로 결정한다. 그러나 사양이 너무 엄격하면 만족시킬 수 있는 부품이나 가공법이 없다든지 비용이 지나치게 많이 들게 된다.

기본 성능 및 사양

치수	폭 1,000/길이 2,000/높이 250mm 이내
중량	제한 없음
조절 경사각도	±15도 정도
회전 속도	2rpm
최대 하중	120kg
기능	골프공 자동 공급 기능, 어느 각도에서도 공이 티 위에서 굴러 떨어지지 않기, 현재 경사 각도 알기
구동	전후 좌우 모두 경사 회전 가능
동력	전동 모터, 큰 토크
제어	수동 조작, PLC제어

- 설계 검토(design review, DR) : 설계 검토는 설계 단계별로 기능, 성능, 안전성, 신뢰성, 조작성, 디자인, 생산성, 보전성, 폐기성, 비용, 법령, 규제, 납기 등의 고객 요구 및 설계 개발 목표에 관한 모든 품질 특성의 관점에서 타당성 평가와 문제점을 적출하여 다음 단계로 넘어갈 수 있는가를 판단하는 조직적 활동이다. DR은 설계 심사라는 뉘앙스뿐 아니라 조직 전체에 설계 계획의 질을 높이는 역할도 한다.

- 설계 검토 시 유의점
  - 목표로 하는 성능을 만족시키고 있는가.
  - 분해 조립 조작 등이 쉽고 간단하게 되었는가.
  - 재료의 선택 강도는 적정한가.
  - 가공상의 문제는 없는가.
  - 운반 및 현지 설치 작업 시 문제는 없는가.
  - 판매 가격 등 상품 가치는 충분한가.
  - 납기는 엄수 가능한가.
- 시운전 : 기능, 성능 위주의 테스트, 오류 피드백
- 평가 : 외관 디자인, 가격 등 판매 위주의 평가, 결과 피드백
- 생산 설계 : 대량 생산에 따른 가공법 변경에 맞는 생산 공정 최적화를 위한 설계 수정 / 조립 기준서, 조립 치공구 설계 및 준비, 완제품 검사 기준서 작성

(2) 개념 설계

개념 설계(conceptual design)란 설계 초기에 기계의 전체 모양 및 기본이 되는 동작 원리를 정하는 광범위한 설계를 의미한다.

이 설계 단계에서 보이는 것은 어떤 문제가 어떻게 해결되는가이며, 제품개발에 있어 가장 창의적인 단계로 광범위한 아이디어와 여러 가지 가능성을 검토할 필요성이 있으며, 검토 대상이 많을수록 결과는 좋아진다. 개념 설계는 이노베이션의 핵심이다.

개념 설계 단계에서 이루어져야 하는 것은 설계 구상의 확립이며, 이것은 기본이 되는 원리에 구조, 기능, 성능 등을 확립하는 것을 말한다.

기구(機構, mechanism)

1. 전달하는 힘의 크기와 방향 등을 무시하고 각 부의 상대 운동만 고려하여 골격만 표시한 것(각 부의 운동을 이해하는 데 적합)
2. 어떤 현상의 원리나 구조

다음으로 사양을 만족시키기 위한 메커니즘 및 동력원 등의 기계 구성요소를 고려한다. 현재 있는 기계의 개량이면 원래 기계를 참고하여 한다. 하나의 기능을 다하기 위한 메커니즘, 구조는 하나로 제한되지 않는다. 예를 들면 동력원에서의 회전 운동을 직선 운동으로 바꾸는 메커니즘은 리드스크루, 랙과 피니언, 피스톤, 크랭크 및 유압 실린더 등 여러 가지가 있다. 이 중에 목적에 맞는 최적인 것을 채택한다. 현재 없는 새로운 기능을 실현하기 위해서는 새로운 메커니즘, 구조를 생각해 내지 않으면 안되지만 다른 목적으로 쓰이고 있는 메커니즘, 구조 중에 지금 요구되는 기능에 맞는 것을 찾을 수도 있고 그들을 참고로 하여 전혀 새로운 원리의 응용을 생각해 내게 된다. 이상을 정리하면 다음과 같다.

- 기능 설계
- 운동 특성 분석 : 회전 → 회전, 회전 → 직선, 직선 → 회전
- 메커니즘, 구성되는 부품을 하나의 선으로 나타내는 구조의 결정
- 아래 기계 요소 트리 중 동력 전달 요소 → 감속 요소 → 운동 변환 요소 → 안내 요소로 이어지는 요소들에 대한 정보와 장단점을 파악하여 개발 제품에 최적인 메커니즘을 결정

■ 상류 설계

제품의 모든 수명주기 비용의 80%가 상품기획과 설계 단계에서 결정된다고 해도 과언이 아니다(아래 그림 참조). 이것은 시제품 제작, 부품조달 및 가공, 조립 이후의 변경은 커다란 백트랙(backtrack)을 발생시켜 비용과 스케줄 양면에서 제품개발에 심각한 영향을 주기 때문이다. 그러므로 제품개발에 있어 설계는 매우 중요한 역할을 맡고 있다. 한편 설계에 있어서도 상세 설계 단계로 되면 작업면에서 부하가 크게 되어 설계 수정은 제품개발 전체에 적지 않은 영향을 준다. 그러므로 가능하면 상류 설계(upstream design)인 개념 설계 단계에서 많은 검토를 하여 결정하는 것이 중요하다.

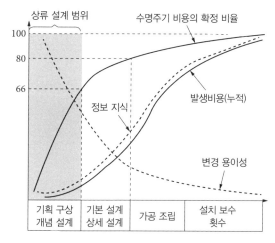

(Fabrycky, W. J. and Blanchard, B. S.: Life-cycle cost and Economic Analysis Prentice Hall International series in Industrial and Systems Engineering)

그런데 설계는 설계자의 능력에 크게 의존하며 표준화가 늦어지는, 아니 표준화에 한계가 있는 분야이다. 설계란 어떤 목표를 구체화하기 위한 작업이며 구체화된 작업의 결과를 도면 등에 명시하는 것이다. 이러한 작업은 공학적으로 수행되는 부분과 비공학적으로 수행되는 부분으로 나뉜다. 전자는 문장, 도표, 수식 등에 의해 설명이나 표현이 가능한 객관적 지식인 명시적 지식(explicit knowledge)이라고 하며 후자는 이와 반대로 막연하게 표현하거나 공유하기 어려운 주관적 지식인 암묵적 지식(tacit knowledge)이라고 한다. 가능한 한 명시적 지식화하는 것이 좋지만 설계는 사람이 주가 되는 것이므로 어느 정도의 암묵적 지식 부분이 있는 것은 필연적이다.

위 그림에서도 알 수 있듯이 상류 설계일수록 구체적인 설계 정보(명시적 지식)가 부족하여 상당 부분 암묵적 지식에 의존하게 된다. 개념 설계 단계에서는 대부분의 설계 정보가 설계자의 머릿속에 애매한 정보로 존재하며 설계자 사이의 토론과 협력을 통해 구체화하여 간다.

상류 설계의 딜레마

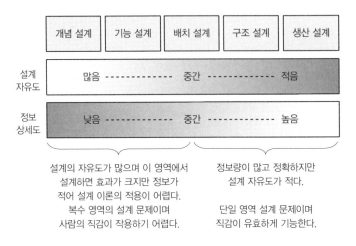

설계의 자유도가 많으며 이 영역에서 설계하면 효과가 크지만 정보가 적어 설계 이론의 적용이 어렵다. 복수 영역의 설계 문제이며 사람의 직감이 작용하기 어렵다.

정보량이 많고 정확하지만 설계 자유도가 적다.

단일 영역 설계 문제이며 직감이 유효하게 기능한다.

설계 과정/설계 정보와 DfX의 관계

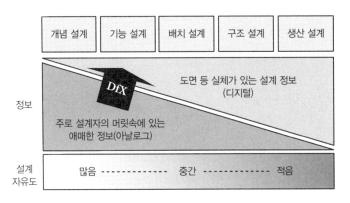

■ 설계 기법

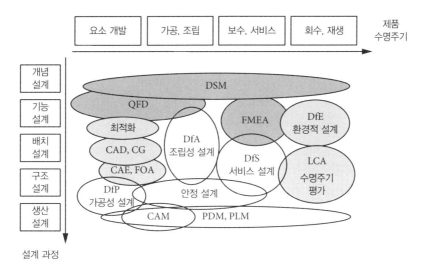

제품 수명주기, 설계 과정과 설계 수법

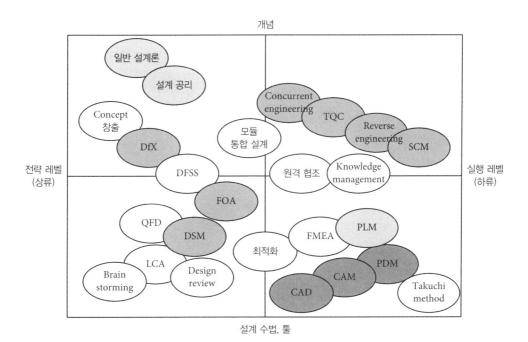

설계 수법, 툴

여러 가지 설계론

- 일반 설계론 : Yoshikawa
- 설계 공리(design axiom) : Suh
- Concurrent engineering
- Concept 창출
- DfX : Design for X
- 모듈 통합 설계
- TQC(total quality control)
- Reverse engineering
- SCM(supply chain management)

여러 가지 설계 수법

- 원격 협조
- Brain storming
- CAD
- CAE
- Design review
- DFSS : design for six sigma
- DSM : design structure matrix
- FMEA : failure mode and effect analysis(고장 모드 영향 해석)
- FOA : flow oriented approach
- Knowledge management
- LCA : life cycle assessment
- PDM : product data management
- PLM : product life-cycle management
- QFD : quality function deployment
- Takeuchi method

▌표 8

생산 제조에 관한 수법	NC, just-in-time, CAM, SCM, PLM
설계 툴	CG, CAD, LCA, FEM, CAE, PDM
설계 수법	QFD, 최적 설계, 안정 설계, FOA, DfX TQC, concurrent engineering, DFSS, knowledge management

■ 안정 설계

품질이 안정하지 않다는 것은 편차가 큰 것을 의미하며 좋은 설계란 돈을 들이지 않고 편차가 있어도 영향을 받기 어려운 안정한 기능을 발휘하는 설계, 즉 안정 설계(robust design)를 가리킨다.

편차란 단순히 물건의 편차에 한정하지 않고 가장 영향이 큰 사용 조건, 환경조건의 변화, 열화도 포함하는 편차를 말한다. 이들의 시장에서의 사용방법, 제조 시의 여러 가지 편차에 대해 개발 시에 안정 설계가 되어 있으면 비용 감소 및 품질 손실비용(사전에는 알 수 없는 손실비용)의 감소에 크게 공헌할 수 있다. 특히 가격 경쟁이 심한 제품에서는 안정 설계는 피할 수 없다.

기술은 편차와의 전쟁이다. 편차(dispersion, variation)에는 다음과 같은 여러 가지가 있다.

- 사용 조건, 환경 조건의 변화
- 열화 : 변질, 변형, 마모
- 물건의 편차 : 처음부터 같은 것은 없다.

이러한 편차에 대한 안이한 대처는 제조비용의 상승을 유발하며 안이한 대처의 대표적인 유형은 아래와 같다.

- 공차 및 관리를 엄격하게 한다(공차 = 비용, 관리 = 비용).
- 좋은 부품, 고급 재료를 쓴다.
- 공정을 추가한다.
- 보정 장치를 추가한다.

(3) 기본 설계

기계에서 중요한 것은 부서지지 않아야 한다, 안전해야 한다, 올바른 기능을 해야 한다. 이를 위해서는 재료의 특징을 잘 파악하여 적정한 재료를 써야 하고 하중이 가해져도 파괴되지 않을 형상과 치수로 하는 것, 즉 강도 강성 계산이 중요하다.

- 개념 설계에서 정해진 메커니즘과 기본 구조를 바탕으로 설계 안의 구상화(구체화)
- 개발하고자 하는 기계의 동작 특성 파악 : 부하에 대한 분석(부하의 종류, 크기, 방향)
  - 석탄 컨베이어, 크레인
  - 자동차, 엘리베이터
  - 공작기계
  - 반도체 검사장비, 디스플레이 장비, 레이저 절단기

부품이 파괴되는 힘이 얼마인지 이론적으로 계산하는 것도 중요하지만 부품에 어떤 종류의 힘이 얼마만큼 어떤 방향으로 작용하는가를 파악하는 것이 가장 중요하다. 실제 설계에서는 교재에 있는 문제와 같이 주어지지 않기 때문이다.

- 구조 해석, 성능 해석
- 안전성, 신뢰성, 품질 등 확보
- 기준 치수, 재질의 결정(강도 강성 계산)
- 개략적인 구조 결정

치수는 설계하는 기계의 가장 구체적인 정보이며 이 정보에 의해 물건을 만드는 것이 가능하다. 필요한 기능을 만족하는 메커니즘, 구조를 구체적인 형상으로 나타내고 치수를 정하여 간다. 치수를 정해 가는 조건으로는 사양에 근거하여 주요 부분의 치수를 정하고 그것에 맞춰 주변의 치수를 정해 간다. 또 구입 부품의 치수에 맞춰 그것에 대응하는 치수를 정하며, 각 부품 사이의 배치 관계 및 가공 방법, 조립 용이성, 제품의 사용 편의성 등을 고려하여 결정한다.

또 필요한 강도를 만족시키도록 재질 및 열처리 방법, 표면 경화 처리 방법 등을 정한다. 중량의 제한 및 내구성 등을 고려하여 재질을 선정한다. 재료의 선정에는 사용할 재료의 물리적 성질을 이해하고 설계에 있어서 재료에 걸리는 응력이 재료의 허용 응력을 넘지 않도록 종류, 치수, 형상을 결정해야 한다.

기본 설계 단계에서 검토해야 할 항목은 아래와 같다.

① 하중의 형식
인장 하중, 압축 하중, 전단 하중, 굽힘 하중

② 재료의 인장 강도
응력-변형률 선도

③ 허용 응력과 안전율
설계상 허용할 수 있는 최대 응력을 허용 응력이라 한다. 즉 실제 부품에 작용하는 하중은 항상 허용 응력보다 작지 않으면 안 된다. 일반적으로 허용 응력은 다음 식으로 구한다.

$$허용 \ 응력 = 기준 \ 강도/안전율$$

여기서 기준 강도란 파손의 한계를 나타내는 응력이며 인장 강도를 쓴다. 안전율은 재료 강도의 편차 및 하중의 예상 오차 등 불확실한 요인을 고려하여 설정한다.

안전율이 너무 낮으면 위험성이 증가하고 안전율이 너무 높으면 기계의 중량 및 제조비용이 증가한다.

안전율

재료	정적인 하중	동적인 하중		심한 반복 하중 충격적인 하중
		인장 또는 압축 한쪽으로만 반복하는 하중	인장, 압축 양쪽으로 반복하는 하중	
강	3	5	8	12
주철	4	6	10	15

④ 기계의 파손과 설계

- 응력 집중
- 크리프(creep) : 고온 환경하에서의 인장 강도로 STS304는 500℃에서 사용 가능한 최대 응력은 상온 시의 약 1/2, 700℃에서는 약 1/5로 된다.
- 좌굴 : 가늘고 긴 부재에서 축 방향 하중이 걸릴 경우

⑤ 정적 하중을 받는 부재의 구조

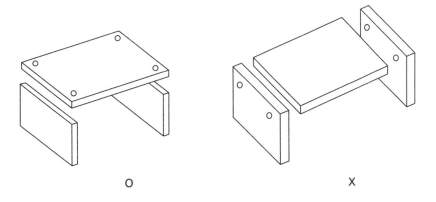

O　　　　　　　　　　　　X

⑥ 기계의 운동과 토크

기계란 동력에 의해 일정한 운동을 하여 어떤 일을 하는 복잡한 가진 기구로 정의되어 있다. 즉 기계는 움직이는 것이며 일반적으로 전기 모터 및 엔진 등의 동력을 어떤 방식으로든 전달하고 사용하기 쉬운 형태로 변환하고 있다. 예를 들면 자동차의 경우 가솔린 엔진의 운동을 감속기 및 클러치 등을 통하여 타이어의 회전 운동으로 전환하여 전진하는 동력을 얻고 있다.

- 회전 운동과 직선 운동
- 회전 운동과 토크

$$T = F \times R$$

모터 1회전에 물건은 $2\pi R$ 만큼 끌어 올려지며 그때의 일 $W(\mathrm{Joule})$는

$$W = 2\pi R \times F$$

모터 회전수가 $f(\mathrm{Hz})$일 때 출력 $L(\mathrm{watt})$은 1초마다의 일이므로

$$L = W \times f = 2\pi RFf = 2\pi Tf$$

모터 회전수를 매분 회전수 $N(\mathrm{rpm})$으로 나타내면

$$L = 2\pi T \times N/60 \text{으로 된다.}$$

(4) 상세 설계

상세 설계 단계에서는 형상, 치수, 재료, 가공 방법 등을 구체적으로 결정하여 설계 도면을 작성하고, 부품 리스트를 작성해야 한다.

설계 엔지니어는 모든 것을 검토하여 구체적으로 결정한 결과를 도면으로 나타내야 한다. 도면에는 장치의 전체 및 각 부 형상을 알 수 있는 조립도와 부품도가 있다. 도면과 함께 어떻게 하여 최종적인 결과에 이르렀는지를 설명하는 설계서를 작성한다. 설계서에는 기획의 의의 및 구상, 구체화의 과정에서 쓰인 설계 계산 및 구입 부품의 선정 등의 과정을 정리한다.

① 도면

도면이란 설계의 결과물이자 설계자의 의도를 제작할 사람(생산, 조립, 검사) 및 관련된 사람들에게 전달하는 수단으로 가능한 한 정확하고, 간결하고, 알기 쉽게 그려져야 한다.

• 조립도 필요 부문 : 설계 검토, 도면 검도 및 승인, 조립 및 분해(주목적), 보수 및 서비스
• 부품도 필요 부문 : 도면 검도 및 승인, 부품 가공, 검사, 견적 입수, 조립 및 분해

도면은 설계자의 생각을 전달하는 언어이므로 약속을 정하고 그것에 따라 작성되어야 한다. 그렇지만 제도법에 맞게 그리면 이해하기 어려운 경우 제도법을 무시해도 상관 없다.

도면의 종류에는 다음과 같은 것들이 있다.

• 3각 법에 의한 3면도
• 스케치도
• 입체도(투영도)
• 설명도
• 투시 투영도
• 단면도
• 전개도

도면 작성에 필요한 약속의 종류에는 치수 표기법, 기계 요소 부품 약도, 보조 기호, 용접 기호, 표면 거칠기 기호 등이 있으며 각국의 표준에 따라 정해져 있다.

- KS / JIS / AS / ISO / ANSI / ASA / BS / DIN / MIL-STD / NF

② 도면에 포함되어야 하는 내용
- 조립도에 포함되어야 하는 내용
  - 삼각법에 의한 외관 형상
  - 내부 조립 상황을 알 수 있는 단면도
  - 사용되는 모든 부품의 도면 번호, 부품 명 및 수량
  - 모든 구매품의 명세서
- 부품도에 포함되어야 하는 내용
  - 도면 번호, 부품 명, 수량
  - 재질 및 두께(판재인 경우)
  - 형상 및 치수
  - 가공 정밀도(허용 오차, 공차)
  - 표면 조도
  - 용접 규격
  - 열처리 방법
  - 표면처리 방법
  - 필요 시 가공법을 구체적으로 지정
  - 기타 설계자의 의도를 글로써 전달해야 할 경우 '주기'로 표시

③ 공차의 개념 이해(기입 시 주의 사항)
상세 설계 시 정밀도가 필요한 주요 부위에는 공차가 주어지는데 공차 기입 시 설계 엔지니어가 주의 해야 할 사항은 다음과 같다.

- '공차 = 돈'이라는 말이 있듯이 필요 없는 공차는 주지 말 것 : 공차가 기입되어 있지 않은 치수라도 일반 공차(보통 공차)의 규제를 받으므로 작업자를 믿지 못해서 필요 없는 공차를 주어서는 안 된다.
- 검사 가능한 공차 범위 내에서 줄 것 : 보유하고 있는 측정기 또는 쉽게 구할 수 있는 측정기로 측정 할 수 없는 범위의 공차를 주어서는 안 된다.
- 기능 및 성능에 미치는 영향을 정확히 분석하여 기입할 것
- 사용되는 다른 요소 부품의 정밀도를 파악하여 균형에 맞는 공차를 줄 것
- 기계 가공으로 확보할 수 없는 조립 정밀도는 조립 시 조절할 수 있는 구조로 설계할 것 : 최종적으 로 요구되는 정밀도를 가공을 통해서 얻으려면 비용이 매우 높아진다. 요구되는 정밀도(특히 진직 도, 평행도, 직각도, 평면도, 면 접촉률 등)를 달성하기 위한 방안에는 기계가공에 의해 달성하는 방

안(가공 코스트 상승, 조립 코스트 하락)과 조립 시 작업자가 맞추는 방안(가공 코스트 하락, 조립 코스트 상승, 조립 시간 증가)이 있다.

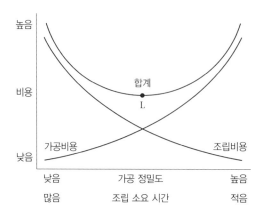

위 그림에서 알 수 있듯이 가장 경제적인 방안은 두 가지를 적절히 조합하여 달성하는 것이다.

❸ 설계 완료 후 판매까지 설계자가 고려해야 할 사항

도면과 부품 리스트가 완성되었다고 해서 설계 엔지니어의 업무가 끝났다고 생각하면 안 되며 이후 소비자에게 판매될 때까지 설계 엔지니어가 해야 할 업무를 아래와 같이 정리한다.

(1) 조립 기준서

- 조립 순서
- 조립 공구 및 치구 설계

(2) 검사 기준서

- 정밀도 확보를 위한 측정 방법 및 측정기 종류
- 성능 및 기능 테스트 항목 및 측정 방법, 평가 기준 설정

(3) 분해 보수 유지 및 수리

- 분해 방법, 공구 및 치구
- 교체 부품의 적정성 : 저가 부품, 분해가 쉬운 부품
- 주기적으로 점검 및 보수할 부품 리스트, 주기 및 방법

(4) 포장, 운반, 설치

- 리프팅 방법 고려한 설계 : 크레인/ 포크 리프트
- 적절한 포장 방법
- 운송 방법 : 도로 운송, 해상 운송, 항공 운송, 도로 폭, 화물 트럭 폭, 컨테이너 크기, 운임 등 고려한 설계
- 설치 : 설치 방법, 설치 장소의 바닥 기초 조건, 운전 환경 등 지정, 시운전 및 샘플 테스트 방법